优秀，就是敢对自己下狠手

[美] 奥里森·马登 著
静涛 编译

江西人民出版社
Jiangxi People's Publishing House
全国百佳出版社

图书在版编目（CIP）数据

优秀，就是敢对自己下狠手 /（美）奥里森·马登著；静涛编译. -- 南昌：江西人民出版社，2017.7
ISBN 978-7-210-09337-4

Ⅰ.①优… Ⅱ.①奥… ②静… Ⅲ.①成功心理－通俗读物 Ⅳ.①B848.4-49

中国版本图书馆CIP数据核字(2017)第073078号

优秀，就是敢对自己下狠手

（美）奥里森·马登 / 著

静涛 / 编译

责任编辑 / 冯雪松　钱浩
出版发行 / 江西人民出版社
印刷 / 保定市西城胶印有限公司
版次 / 2017年7月第1版
2017年7月第1次印刷
880毫米×1280毫米　1/32　7印张
字数 / 120千字
ISBN 978-7-210-09337-4
定价 / 26.80元
赣版权登字-01-2017-301
版权所有　侵权必究

如有质量问题，请寄回印厂调换。联系电话：010-64926437

前言 Preface

奥里森·马登（Orison Marden，1848—1924），美国成功学的奠基人，全世界影响最大的励志导师之一。

马登的一生，是自我励志的一生，是平凡小子追求财富的典范，还是用自己的思想和文字激励造福他人的一生。马登去世后，上千个美国家庭给子女起名为"马登"，以表达对这位奋斗者的崇敬和对子女的期望。

奥里森·马登，1848年生于美国新罕布什尔州的森林地区，地处偏远，家境贫寒。在他三岁那年，母亲去世，7岁那年，父亲也去世了。幼小的马登，要面临的是如何生存下去的考验，无疑他得扛起自己养活自己的重任。而他又能做什么呢？一开始，他被人收留，做了童工。每天要干活14个小时以上，却很难吃到一顿饱饭；雇主不因为他是一名孤儿而同情他，还经常责骂和鞭打他；主人的孩子不仅不跟他做朋友，还经常欺负他。这样的生活持续了近7年，马登看不到生活的希望。到了14岁的时候，马登觉得他必须为自己的生活找到更好的出路，于是决定逃离雇主。离开原来的雇主后，他在一家锯木场找到了工作。工作之余，他开始抓紧一切时间和机会读书。在这里，上天给马登打开了一扇门，那就是让马登读到了塞缪尔·斯迈尔斯的《自己拯救自己》。"它打破了我狭隘的生活，向我展示出一个从未想过的全新天地。我改变了所有的想法，改变了看待生活的角度……"马登说，"我如获至宝，反复阅读，直到它深深铭刻在脑海里。"

这也让马登对自己的人生充满了信心，他意识到很多事情并不是遥不可及，即使他这样一无所有的穷孩子，也可以获得财富和成功。当然，首要的是他自己要去做，找到目标就去实现它。于是，怀着这样的想法和对未来的希望，他走出了自己的家乡，来到了发展机会更多的城市。他工作的同时，没有忘记读书，业余时间就读书。23岁时，他业余时间读书的成果体现了出来，他考进了大学。在大学里，马登一心求学，仅仅用了9年时间，他就取得了波士顿大学学士、奥拉托利会学士、波士顿大学硕士、哈佛医学院博士等学位。

当然，在学校里，他一边读书，一边尽可能地想办法赚钱，毕业前，他已经积攒了大约2万美元。毕业后他开始做生意，40岁左右时，他已经成了一位拥有多家旅店的大富翁。但是19世纪末，美国经济大萧条，1893年时，在一次失业人士的暴动中，马登的两个旅馆在暴动中被付之一炬。马登由富人变成了负债的穷人。他开始审视自己的成功和失败，为了帮助那些失业的人，他开始了励志书籍的写作。他要将自己因为受到励志书而发生改变的影响告诉世人，告诉那些和他一样穷的人，告诉那些想成功的人。他写成出版的书籍有《一生的资本》《思考与成功》《成功的品质》《高贵的个性》等多部作品，每一部作品都带来强烈反响。这使马登再次拥有了巨额财富，也使他更热衷于把"成功学"发扬光大。

我们在编译本书时，主要根据他的经典理论，参考他的著作，精心编译了这本《优秀，就是敢对自己下狠手》，以期告诉读者要坚忍，坚忍是比金钱更为可贵的人生资本；要警惕自己的弱点，能征服自己的人，就能征服一切；敢于面对失败，失败了就再来一次，永不绝望，才会有希望；以高于普通人的标准要求自己，不严格要求自己的人，永远是个普通人；要有专业技能，心不在焉、浅尝辄止的人，永远不可能做出伟大的成绩；要有不断自我激励、不断精进的精神，只有不满于现状不断精进的人才不会落后于人；敢于突破自己，敢于给自己下狠手的人就更容易变得优秀。这是马登要告诉世人的理念，也是我们的希望。

我们相信，无论是谁，只要想变得优秀，都可以读读这本书，从中找出能让自己改变的契合点和无穷的动力。

目录
Contents

第一章　坚忍是比金钱更为可贵的人生资本

与其逞一时之快，不如镇定面对 / 003
温和的性情能使人自动远离纷争 / 005
不要把时间和金钱浪费在炫富上 / 007
财富并不是衡量幸福的唯一标准 / 011
不为保住工作而违背自己的原则 / 014

第二章　克服自己的弱点，成就优秀的自己

任何时候都不要盲目攀比 / 021
别让虚荣心和嫉妒心害了你 / 025
灵魂空洞的人，赚再多钱也没意义 / 027
没有多少财富，也可以做富有的人 / 030
固执己见的人最终只会走向失败 / 033
失去金钱不可怕，可怕的是失去信用 / 041

第三章　永不绝望，敢于面对一次次失败

先确立正确的人生目标 / 049

给自己树立必胜的信念 / 053

不要质疑自己的能力 / 060

成功总是青睐于脚踏实地的人 / 065

养活自己是最基本的责任 / 068

第四章　不严格要求自己，你就永远是个普通人

从心里彻底摒除贪欲 / 079

想独立就别依赖 / 082

懒散的恶习要不得 / 085

不追求完美，难以获得成功 / 090

想要成功，应避免拖拖拉拉 / 096

节俭能积累自立的资本 / 099

第五章　没有专注力，不可能做出伟大的成绩

能否成功，取决于学习的态度和效率 / 111

不要拖延，否则理想永远无法实现 / 116

成功只会对注重细节的人青睐有加 / 121

如何做一个出类拔萃的员工 / 128

在身心俱疲的状态下工作注定失败 / 134

第六章 不满现状,才能将梦想变成现实

要想成功,必须勤奋再勤奋 / 143

工作,就是要严格要求自己 / 147

伟大的成就来自勤劳的付出 / 156

随时要明白勤奋学习的缘由 / 165

第七章 优秀,就是敢对自己下狠手

美好的品质拥有巨大影响力 / 173

培养人性中最优秀的品质 / 177

如何做才能成为真正的强者 / 189

优秀正直的品格成就伟大 / 193

用美照亮生活和成长之路 / 201

第一章

坚忍是比金钱更为可贵的人生资本

做个优秀的人，需要的不只是才能，还有坚忍和镇定。如果一个人被自己的情绪所控制，那么势必会让他陷入情绪束缚中去，抑制了他才能的发挥，最终白白浪费了自己的才能。人们都想让自己的人生过得更好，但是追求好的人生，如同爬山一样，除了向上的目标，其他的负重都是你的负担，你唯有以坚韧不拔的精神，不受其他负重的影响，才能更早到达目标。

>>> 与其逞一时之快，不如镇定面对

马修·亨利讲了一个故事：丈夫和妻子的脾气都很暴躁，但在他们家却很少出现争吵，一家人生活得非常和睦。原来夫妻二人定下了一条规则：每次只能有一个人发脾气，另外一个人不得火上浇油。

苏格拉底每次想要发脾气的时候，都会对自己说："喂，注意，小点声！"这样便能有效地将坏脾气压下去。在怒火燃烧起来之前，努力让自己保持沉默，便是一种控制情绪的好方法。怒火伤身，严重者甚至会祸及人的性命。

乔治·赫伯特说："镇定的人才能在辩论中取胜。情绪起伏会严重影响人的判断力，导致思维混乱，言辞失误。"有人问："要是对方一定要跟你争吵，怎么办呢？"他说："谁要吵就让他自己吵个够，跟我没有任何关系。"

英国国王亨利五世曾在牛津皇家学院住过一段时间。后世人说起他时，总会提到一句话："他不但战胜了敌人，更战胜

了他自己。"1415年，在著名的阿津库尔战役中，亨利五世凭借自己的镇定与智慧，以少胜多，将兵力多过自己好几倍的法国军队打败。

宾夕法尼亚州有一位出了名的好脾气的布料店老板。有个人不相信世上真有这样的人，于是亲自到这家店验明真伪。他在店里逗留良久，将所有布料都看了个遍，依然难以决定要买哪块布。好不容易等他选中了一块布，却对老板提出了这样一个要求："我只要一美分那么大的布，请您帮我裁下来！"老板按照他的要求，比对着一枚一美分的硬币，将他需要的布裁下来，交给了他。对方终于败下阵来，佩服得五体投地。

牛津大学的一名学生，有一次为了一个问题跟约翰·亨德森辩论起来。学生的情绪一时失控，照着约翰的脸就泼了一杯酒。约翰擦擦脸上的酒水，心平气和地说："没事，我们继续辩论。"镇定地面对脾气暴躁的人，他进，你退，就永远不会吵架。处理不必要的争吵，最好的方法就是一笑置之。退一步海阔天空，万万不可为逞一时之快，冲动妄为，惹出祸端。研究显示，情绪紧张的人更易怒，而燃烧的怒火会使人的情绪更加混乱，丧失理智，不断将事件引向更糟糕的境地。

>>> 温和的性情能使人自动远离纷争

米拉伯在进行一场以赛马为主题的演讲时，会场内频频出现的叫骂声将他打断。米拉伯于是对台下最激愤的那个人温和地说了一句话："大家有什么就说吧，等你们说完我再说。"

比肯斯菲尔德伯爵有一次被人问及："你是如何讨得女王欢心的？"他说："因为我永远记不得那些不快，所以我永远也不会为这些事跟女王有争执。"

一位候选人前去拜访一名政界显要，希望能了解一些赢得选民支持的方法。在谈话开始前，政要说道："不要打断我的话，每打断一次你就要支付5美元。"候选人满口答应下来。政要说："不管别人怎样诋毁你，你都不能发火。"候选人说："是，我就是这样做的，别人说我什么，我都不会放在心上。"政要又说："但是，如果要投票的话，我是不会投给你的，你这个人这么下流无耻……""你怎么能这样说我呢？"候选人打断他的话。"你违背规则了，需要付给我5美元。"政要说道。候选人压制着自己的怒火，说道："您只是为了试探我对不对？"政要说道："其实我说的已经够客气了，你比我刚才形容的还要差劲……"候选人忍不住大声嚷起来："你凭什么这样说我？""你又该付我5美元了。"政要不紧不慢地提醒他。候选人怒不可遏，吼道："这样就想赚我10美元，你想得未免也太美了吧！"政要依旧不动声色，说道："您是要我们再聊下去呢，还是付完钱后一拍两散？不过我知道这笔钱你不敢不付，要不然传扬出去，你就更加臭名昭著了……""住口！"候选人再度大叫起来。"5美元！"政客又说。候选人一下平静下来："我应该稳定住自己的情绪，不能这样冲动。"政要很满意："这样才对嘛！刚才的话我全部收回。其实，我觉得你是个很不错的人，只是出身太差了，你父亲又声名败坏……""不许侮辱我的父亲！"候选人又被激怒了。"再付5美元吧！"政要说道，"年轻人，在面对选民的时候，你要是还沉不住气，损失的就不仅仅是5美元，还有无数张选票。"

　　面对生活中不愉快的事情或者很难处理的事情的时候，很多人会因沉不住气而发脾气，变得暴躁起来，但是这只会让事情变得更糟糕。温和的性情有利于人与人之间的交往和交流，有利于事情的解决，能够帮人清除障碍，进而远离纷争。

>>> 不要把时间和金钱浪费在炫富上

如果我们把时间和精力用在正确的地方，而不是用于显摆自己的财富，那么我们将会更有收获。

很多人过于在乎别人的看法，为了让别人满意，竟然做出很多本不该做的事情，从而导致自己大把的时间被白白浪费。在他们的内心深处，埋藏着爱显摆财富的欲望，所以他们会对自己的家庭产生不满，因为他们的家庭无法满足他们的这种欲望。可是，他们又没有别的办法。他们把过奢靡的生活当成一种必然，认为如果无法过上那种生活就是一种耻辱。并且，他们还想不付出任何努力就过上那种生活。一个人，一旦养成了挥霍的恶习，就基本上无法取得成功了，因为成功的必要因素之一就是节俭这个美德。

如果我们对富人进行一项详细的调查，就能够得出这样的结论：富人们的生活都非常简朴，工作特别努力。那些没有钱却仍然要与富人攀比的人很难变成富人，因为他们不懂得富人是靠节俭积累起财富的道理。

其实，基本的生活需求，我们很容易就能够得到满足。但是如果把别人的看法当成行动的准则，那么，我们就会陷入到盲目地追求奢华的境地。而这样的追求，只会浪费我们的时间和生命。

根本就没有必要过于在乎别人的看法。如果总是这样做的话，那么生活就会变得非常艰难。那些过得非常快乐的人，都是随性、率真、纯朴的人。

有一些人，为了让别人对他产生好感，就在表面上做文章，显摆自己有多么富有，可是他可能下顿饭还没着落。还有一些人，生活过得很不如意，但是为了让别人瞧得起他，竟然花去一个月的薪水去请人别人吃饭。

那些总是把别人的看法看得高过一切的人，对他们自己的人生极不负责任，因为他们从来也没有对自己的人生进行过认真思考。为了把别人眼里的"美"展现出来，他们会把完好无损但是样式已经过时的衣服全部扔掉。他们是根据别人的眼光来穿衣服，而不是根据自己的需要。每次我看到这样的人时，我都会觉得他们既可悲又可笑。

前一段时间，我在剧院看戏时遇到这样一件事情：一位并不富有的商人说："前面的位置多好啊，距离舞台近，可以看得真切。如果有机会坐到那里，无论如何我都不会再坐回后面去了。"之后，他又说，他的收入并不多，买一辆汽车都非常困难，可是，尽管那会让他的生活变得非常艰苦，但他还是买了一辆。其实没有人逼他非买不可，只是看着周围的人都开上了汽车，他觉得面子上挂不住，因此才下狠心买了一辆。为了买这辆汽车，他不但花光了自己的积蓄，还向亲友借了一大笔钱。

如果这个世界上存在着很多戴着虚伪面具，为了别人的看法而不顾自己的能力去做事的人，那将是一件多么可怕的事情啊！他们很可能会做出令人难以想象的事情。

要想获取真正的财富，我们必须每天都为之努力奋斗，作出相应的贡献，并且还要懂得节俭。我们应该在年轻时就为将来做好打算，多攒些钱养老，而不只着眼于当前。我们应保持助人为乐的优良品质，并避免借债。节俭的方法就是一丝不苟地以培养高贵品质为目标去生活，并且以虔诚的态度去对待这种生活方式，就像我们面对《圣经》时一样。我们要严于律己，不起贪婪之心，不做偷鸡摸狗之事，不说谎，坚持按时工作。我们想要保持工作及生活的神圣性，也必须持有这种生活态度。

查尔斯·诺道夫说:"富人家被宠坏的孩子们,冬天从不出去打雪仗,只喜欢待在屋里烤火。早上爱睡懒觉,平日爱吃零食。像游泳这类有一定危险的运动,父母从来不放心他们单独去做,一定要守在旁边才能放心。反观那些出身贫寒的孩子们,冬天没有暖和的衣服和鞋子穿,每天很早就要起床帮大人做事,连饭都吃不饱,更不用说零食。然而,无数先例告诉我们,穷人的孩子往往比出身富贵的孩子更容易成才。能受到命运青睐的从来都是不屈的强者,而非自幼就被宠坏的娇儿。"

社会是人类最好的学校。自然环境恶劣的新英格兰,走出了许多声名显赫的政客,他们充分发挥自己的聪明才智,为推动美国历史进程起到了重要作用。除了政客,还有多名杰出的作家、演讲家、发明家等也是从新英格兰走出来的。一个小小的马萨诸塞州埃塞克斯县,就曾生活过191名诗人、作家和演讲家。

洛威尔曾说:"每个人都能从生活中体会到自己的个人价值,并且是精确到令人惊讶的程度的,这就是大自然的无比精准的度量法则。"

>>> 财富并不是衡量幸福的唯一标准

　　获得财富需要付出代价，没有人能够凭空获得财富。塞缪尔·斯迈尔斯曾说："很多人看到别人有钱之后，就会产生一种羡慕甚至嫉妒的心理，但是他们并不知道，那些有钱的人为获得这样的财富，付出了怎样的代价。"一位公爵向我讲过这样一件事：有一个多年未曾谋面的好友突然到他家里来看他。那个朋友看到他气派的房子、豪华的家具之后，显得非常吃惊，眼神中流露出一股羡慕之情。公爵看出了老朋友的想法，就对他说："我这些东西，你同样也可以拥有。""真的吗？我要怎样做才能拥有这一切？""站在原地不动，让100米之内的人拿着枪向你开火100次。"公爵继续说道，"我非常清楚，你是无论如何也不用那样去做的。可是，我就那样做了，而且已经做了无数次，要不然我又怎么能够拥有这一切呢？"

　　有一位女孩被带到了纽约法庭上接受审问。法官问她说："是什么原因让你走上了犯罪的道路？"那个女孩回答说：

"我没有更高的要求，只是希望能够像其他的女孩子那样穿上漂亮的衣服。"

有钱的人可以靠着他们的钱来过奢侈的生活，但是他们不知道，那些贫穷的人会学习他们的生活方式，从而陷入困境之中。有一个纽约的女人，非常得意地说，她每年至少都会花费20万美元来买衣服和鞋子。她每一件衣服都价值不菲，有一部分衣服每件都超过1000美元。她的鞋子也都非常贵，平均每双大约500美元。她认为她那种奢侈的行为为很多人提供了工作岗位。可是，她并不知道，有很多家境贫寒的女孩子，把她当成了学习的榜样，并因此而堕落甚至犯罪。谁都不应该把善良的人们引入歧途。不论哪一个有钱的女人，都应该对自己的行为负责，不应该让自己成为穷人家的女孩子学习的"榜样"。否则，她就会成为那些女孩效仿的对象，最终害了她们。

其实，财富并不是衡量幸福的唯一标准，幸福更多的时候是一种心态。如果一个人拥有平和的心态，能够乐观地看待问题，那么幸福就会降临到他的头上。如果让嫉妒占据了他的心灵，那么他根本就无法得到幸福。盲目攀比、爱慕虚荣的人，又怎么能够幸福呢？

不顾实际地追求富足的生活，将永远也没有尽头。如果不能够控制住自己自私的欲望,那么它就会给人带来痛苦。如果一个人的人生态度出现了错误,那么他将会痛苦不堪。因此,聪明的人只把幸福和快乐作为追求的目标,不会让嫉妒和不切实际的欲望主宰自己的生活。

如果一个人能够清除自私、嫉妒的思想,那么他必定会生活得非常幸福。

>>> 不为保住工作而违背自己的原则

人们看到那些行事鬼鬼祟祟的人都会心生厌恶及疑虑，因为他们的举动让人感觉他们是在故意掩饰。人们在了解他们的为人后绝不会再相信他们，这些人是无法取信于人的。和这种人在一起时，我们总感觉自己是在黑暗中摸索前进。他们尽管偶尔也令人感觉到很亲切随和，但与之相处会使人始终处于一种坐立难安的状态中。我们总是毫无原因地害怕他们，心里总感到隐隐的不安。我们在同这样的人相处时，总担心自己会突然落入一个大坑中，我们因此而焦虑不安，甚至感到十分痛苦。这种人其实未必不能融洽相处，但前提是我们必须完全放下心中的疑虑，这一点我们一般都难以做到。他们神秘的举止让人无法对他们产生信任，当他们举止谦和、优雅时，我们会下意识地怀疑他们是别有所图。这种人的本质是我们无法看清的，因为他们的这种性格令人无法相信他们。

那些心胸宽广、坦诚、直率的人，与之前提到的那类人截然相反。他们行事从不遮遮掩掩，并会积极纠正自己身上的错误。周围的人都毫无保留地信任他，并能原谅他身上的那些缺点及错误。他们之所以能最终成为最出色的人，正是凭借了这种行事光明磊落、待人真诚坦率的优秀品质。

作为一名诚实的生意人，斯图尔特一直坚持认为：商家有义务让顾客了解商品的全部，为牟取暴利而欺骗顾客是极不道德的行为，情节严重者可以将其裁定为一种不可饶恕的罪行。在斯图尔特经营的公司里，绝对禁止出现欺骗顾客的行为，即便商品出现某种缺陷的概率极小，店员也必须让顾客在购买之前对其进行充分的了解。一天，斯图尔特亲自去查看新商品的销售业绩。公司旗下的一名推销员说，该商品的设计存在某些缺陷。他取过样品，正想向斯图尔特详细介绍一番，只见一名大客户走进门来。"我要的货现在有了吗？"客户问道。推销员答道："您要的货我们刚刚研究出来！"说着，他便把手里的样品递给了客户，并对该商品的种种优异性能极尽溢美之词，可是对商品设计的瑕疵却绝口不提。客户被他的话打动了，旋即就要求订货。在此之前，斯图尔特始终沉默不语，直到这时才终于发话道："请等一下，先生！我想，您先将样品查看清楚再作决定也不迟！"随即，年轻的推销员就被斯图尔特解雇了。也正因为如此，人们都相信斯图尔特公司，斯图尔特公司的生意因此越做越大。

当然了，还有一些商人的做法与斯图尔特的做法相反。一位女士在一家商店逛了很久，最后空着手离开了。商店老板看到这样的情形，便责备自己的店员说："你是怎么卖货的？居然白白放走一个客户！"店员答道："老板，店里的货物跟那位顾客的要求有些出入。"老板说："这有什么问题，只要我们卖给她的商品能用不就行了？"店员说道："但是我们的商品并不能满足那位顾客的全部需要啊！"老板急了，骂道："这家店到底谁是老板？你一个伙计，拿了我的薪水就要帮我做事，叫你做什么，你就做什么，哪来这么多意见？"店员虽然年纪轻轻，但并不为老板的气势所慑，他说："老板，我不会为了保住工作而违背自己的原则欺骗顾客！既然我的所作所为不能满足您的要求，我会主动辞职！"离开这家商店后，这名店员依靠自己诚实的品格，最终成为一名成功的生意人，深受顾客信赖。

一个人在日常生活中的表现，会直接影响到他在别人心目中的形象。成功绝不会属于那些连起码的尊严都难以维持的人。只有那些有真本事的人才能树立恒久的声誉。靠投机取巧得到的虚假声誉，迟早会被人揭穿。在真相被揭露之前，这些弄虚作假的人往往也无法安心享受这份本不该属于他们的荣誉。只有完全借助自己的力量获得的声誉，才能真正叫人问心无愧。

要评估一个人的品格，只要看他的工作成果就足够了。一个做事认真负责，值得人们信赖的人，绝不会用错误百出的工作成果来糊弄人。作家爱略特曾描写过这样两个人物：一个是名叫闻希的投机商人，他原本是一位正当的商人，后因受不住小舅子的蛊惑，购进一批劣质染料染布。事发之后，后果可想而知，他的生意一落千丈，再无翻身之日。一个名叫皮特的年轻人则与他截然相反，皮特做事小心谨慎且诚实守信，顺理成章地获得了成功。

人们不管做什么工作，首要前提是要对得起天地良心。以别人的痛苦为代价取得的成功，不要也罢。因为从事一份完全违背自己道德观的工作，势必会让你饱受良心的折磨。你在这份工作中失去的，是再多的物质收益都补偿不来的。

不错，弄虚作假是可以在短时间内获得一般人难以企及的收益，收获无数赞美与拥趸。可是没有人能弄虚作假一辈子，一旦他们的谎言被拆穿，声誉便会迅速由高峰跌到谷底，永无翻身之日。

　　人们要想培养高尚的品格，就一定要做到脚踏实地，不管做什么事都不能违背自己的道德观。否则，人们的勇气会被削减，能力会被压制，声誉也将一天天衰落下去。

　　怎样才算真正的成功者，是家财万贯，还是功成名就？不错，这些是会给人们带来很高的社会地位，赢得良好的声誉，但这些并不是衡量一个人成功与否的真正标准。只有当人们的道德修养达到至高境界，能够最大限度地将自己的智慧与能力发挥出来时，才能算是取得了真正的成功。这样的人已经抵达了人生的最高峰，即使他们并没有做出震古烁今的伟大事业，没有成为家喻户晓的名人，也不妨碍他们成为真正意义上的成功者。

第二章

克服自己的弱点,成就优秀的自己

在这个世上，总有一些人能够完成别人看似不可能完成的目标和理想。所以难免有人会产生疑问：他们是怎样做到的呢？关键在于，他们能够克服自己的弱点并征服它们，这是完成目标和理想的必要条件。如果你想成为那种人，那么，你就要敢于直接面对有弱点的自己，征服自己，才有可能征服一切。

>>> 任何时候都不要盲目攀比

不切实际的攀比是非常恶劣的行为，可能会招致恶果。纽约有一个中产阶层的女人时刻都想要爬进上流社会。为了实现这个理想，她让她的女儿去上流社会人士经常出没的地方。其实，她的家庭收入也还算可观，过上舒坦的生活一点儿也不困难。可是，她和她的女儿都不满于此。她们都把进入上流社会当做奋斗的目标。为此，她们花了很多钱来买各种漂亮的衣服。而那些衣服，根本就不是她所能消费得起的。后来，那位女士打算让女儿嫁给一位有钱的丈夫，从而跨进上流社会的门槛。可是，在美好的愿望实现之前，她们就花光了家里的钱，同时还欠下了一大笔贷款，后来她们竟然沦落到无处安身的地步。

很多家庭条件一般的母亲，总是想让自己的女儿嫁入豪门富户。可是，她们这样做不但对她们的女儿没有好处，还有可能会害了自己的女儿。因为那些女儿们一旦养成奢侈、自私、妒忌的坏习惯，就会把物质当做衡量一切的标准，同时不满于自己的家庭，从而不肯回家，以致这些母亲们将很难和女儿见上一面。

很多人本来可以过上幸福甜蜜的生活，但是妒忌和虚荣却害了他们。有多少家庭因为盲目地攀比而受到惩罚啊！有些时候，那些坐在剧场包厢里的人，虽然看着特别令人羡慕，但是他们却不像人们想象的那样开心。

懂得享受生活的女人，就算家庭很穷，根本没钱买漂亮的衣服，也能够每天都非常快乐。而另外一些女人，每天穿着漂亮的衣服，吃着山珍海味，却终日无精打采。

现在，仍然有很多爱慕虚荣的女人，为了面子去购买价格不菲的衣服，尽管她已经吃了上顿没有下顿了。有多少人为了追求不切实际的东西而损失惨重呢？这实在是一个难以计算的问题。

很多人把时间浪费在了盲目攀比上面，从而失去了享受快乐的机会。工作占据了他们每天的全部时间，他们根本就没有时间考虑做事的意义。他们一直都在忙着模仿别人，根本就没有时间做其他事情。

我曾经遇到过一位母亲，她一直处于悲痛之中。尽管她的生活贫穷，但是她却非常知足。那她为什么还要悲伤呢？她把女儿的面子看得比一切事情都重要，所以她无法忍受贫穷给女儿造成的伤害。她认为，女儿过这种贫穷的生活，简直是奇耻大辱。正是因为这个原因，她每天每时每刻都非常痛苦，因为她的女儿根本就无法和有钱人家的女孩相比。她说，她的女儿非常漂亮，可是因为家里穷，她无法像有钱人家的孩子那样穿上奢华的衣服，只能穿很便宜的衣服。那个母亲还说，她会因为没钱给女儿买价钱不菲和首饰和昂贵的衣服而痛不欲生。她觉得她的女儿本来应该住在豪宅里，过着养尊处优的生活，可是现在却只能靠工作养活自己。原来女儿对自己的生活还算满意，可是长期受到母亲的影响，她对这个家庭和自己所过的生活产生了不满的看法，最后，女儿像母亲一样，对自己所过的贫穷生活抱怨不断。此后，这个女孩开始与富人所过的生活进行攀比。此外，这位母亲还要求女儿以后一定要嫁给一个有钱人，因为那样她就能够摆脱贫穷，过上富裕的生活。母亲还告诫女儿，要与有钱的男人交往，如果一个人没有钱，那么就算他的品质再怎么高尚，他再怎么爱她也不行。那位母亲千方百计地想为女儿找一个富有的丈夫。我甚至怀疑，她会让女儿嫁给一个品德不端的富人。就这样，那位小姐过得越来越不如意，她已经不像同龄人那样快乐了，总是抱怨自己的处境。她总是觉得自己不够高贵，一会儿觉得自己衣服难看，一会儿又觉得自己的帽子丢人。

就算别人开着豪华的汽车，又有什么可羡慕的呢？我们照样可以享受到廉价汽车给我们带来的快乐；就算邻居家又买了一套气派的家具又怎么样呢？我们不是照样能够享受到自己家庭的温馨和快乐吗？有些人开着豪华的邮轮周游世界又怎么样？与我们有什么关系吗？我们不是照样能够感受到在小溪中划船的乐趣吗？如果能够做到不去盲目地和别人进行攀比，泰然自若地享受自己的快乐，幸福就会永远陪在我们的身边。

>>> 别让虚荣心和嫉妒心害了你

无论对谁来说，都很难让人们放弃炫耀的生活，过一种简单实在、不在乎别人怎么看的生活。因为，几乎每个人都非常在意别人对自己的看法，就算是那些最富足的人也不能免俗。

有一位非常有名的作家曾经说过这样一番话："现在的有钱人，过着极端腐朽奢侈的生活，很多爱面子的人就会盲目地模仿他们，从而造成社会悲剧不断地上演。他们就像那些邯郸学步的印度富商那样。那些人看到英国国王所过的奢华生活，就盲目地和他攀比起来。盲目攀比会让他们失去辛辛苦苦挣来的财富，还有可能把他们逼上犯罪的道路。"

每个人的能力不同，挣到的钱也不一样。可是，在纽约和其他大城市，面子却成为很多人活着的目标。他们非常努力地工作，可是他们对自己的处境并不满意。这完全是因为他们的嫉妒心在作祟。生活在城市里的人们，嫉妒心是最为强烈的。

很多人都会把"别人拥有某种东西，而自己却没有"当成一件非常没面子的事情。如果别人买了一件漂亮的衣服，我就也要买一件，就算半个月不吃饭也要买；看到别人都买了汽车，我也要买，虽然我还有贷款没有还清，但是我也要非买不可。之所以会出现这种情况，就要归结于嫉妒心理。还有很多女孩子，她们生长在封闭的环境之中，因此她们会认为，如果自己的衣服没有别人的漂亮，自己就会被人瞧不起。

很多并不富裕的人，都把富人当做学习的榜样，无论做什么事情都要模仿富人。其实，这样做只会让他们更加贫穷。一个年轻的小伙子对我说，他每周只能赚到20美元；可是他请一位姑娘吃宵夜、看戏剧就要花去其中的15美元。他这样做，很大程度上是因为虚荣心——姑娘们的男朋友都这样做，他也要这样做。

>>> 灵魂空洞的人，赚再多钱也没意义

关于对财富的认识，爱比克泰德曾这样对一位在他面前炫富的罗马商人说："我虽然贫穷，但心里却很满足，多余的钱财并不是我所需要的，而且世上比我更贫穷的人也不在少数。我虽然不像你一样拥有银质的器皿，但是我有陶制的思想。我坚持追求高尚的道德品质，拥有丰富的思想，而你却终日不务正业，是一个思想贫瘠之人。我的生活是愉快而又充实的，这种精神上的满足你永远都体会不到，你赚再多的钱也仍旧会觉得空虚。"

伊萨克·沃尔顿曾这样说道："我有一个视财如命的邻居，他唯一的乐趣就是赚钱。他每日重复着那些枯燥的工作，很少有机会放松、娱乐。他坚守着勤劳付出才能创造财富的信念，这种观念本身是正确的，但他太过看重财富，不明白愉快幸福生活的真正含义。这正印证了一位知名学者的话，富人往往活得比穷人更痛苦。真正能使我们过上幸福、快乐生活的，

是健康的身体、优良的品行及才干,而钱财的多少并不能起到多大的作用。"

布莱克教授说:"每个人都应时刻具备优良的品质,至于金钱、权利以及自由却不是我们必须拥有的,甚至健康有时也不是。"

有些人视财如命,无论吃饭走路还是睡觉都一心想着钱。其实人性中有许多美丽的东西比金钱更重要,它们是人类文明发展的标志,比如善良的心灵、高尚的情操以及深邃的思想。温柔、高雅的人能为身边的人带来欢乐,这是一种宝贵的财富。他们能令周围的人绽放灿烂的笑容,他们的家庭会因为有了他们而洋溢着欢声笑语。

波士顿一位很出名的商人阿莫斯·劳伦斯总是说:"跟财富比起来,美好的品质更重要。"他将这句话当做自己的人生信条。"一个人即使拥有整个世界,但假如他的灵魂早已空洞的话,那也是毫无意义的。"他也经常这样说道。

有位财迷曾对约翰·布莱特说:"先生,你知不知道我拥有100万金币的身价?"布莱特在听到这句话后强忍着怒意说道:"我知道,先生,那就是你的全部价值了。"

我们在生活中常常遇到一些意外发了横财之人。他们到处炫耀自己可以不劳而获的好运气，但没人会将他们看做真正的成功者。还有些人贪婪成性，为了获取钱财可以不择手段地打击别人，在他们富裕的同时却令他人陷入贫穷、痛苦之中。他们脸上流露着恶狼般饥渴、贪婪的神情，绝不会给人宁静、仁慈的感觉，他们就算拥有再多钱财也算不上真正的成功者。我们通过一个人的外貌便能判断出他的品质，因为造物者已在我们面部留下能统率内心的特征。很多富人完全无法带给人安详、甜蜜的感觉，他们充其量只能算是金钱上的成功者。

那些从不留心培养优秀品质，一辈子都专注于赚钱的人无疑是最可悲的。金钱并不是万能的，不是拥有了财富你就能变得有价值。有些人虽然拥有广阔的土地及无尽的财富，但这并不能令他们感到幸福、充实。因为他们思想狭隘、灵魂卑微，他们的品质只能用吝啬成性来形容，他们灵魂中一切美好的因素都早已不复存在。

>>> 没有多少财富，也可以做富有的人

爱默生曾这样说道："谁也别想在我面前炫富，即使你拥有良田万顷也休想这么做。我不凭借财富就能办成很多事情，这一点我将以实际行动来证明。我所追求的目标是不会被金钱、权利所影响的，任何事物都无法收买我，这也是他们做不到的。这些人在我心里永远都是一贫如洗的穷人，即使我只能依靠他的接济来维持生活，也不会改变这种想法。"

的确，钱财是每个人都需要的，没有哪个年轻人不想发财致富。此外，为了满足自己的虚荣心，他们也需要赚取大量的钱财。年轻人习惯以赚钱的多少来衡量一个人是否优秀。赚钱多的人比赚钱少的人更优秀，在他们的脑海中普遍存有这样的观念。在这种金钱至上的观念驱动下，他们很容易就会在诱惑面前迷失自我。很多人就是看中了这一点，所以设下圈套让他们往里钻。当他们发觉上当受骗时，再想挽回已经来不及了。

"我们常听到有人感叹自己家破人亡的悲惨命运，可事实

上他们只是失去了全部的金钱而已，老婆孩子都还在。他们的这种想法是对自己能力的看轻，其实他们还拥有珍贵的理性以及良好的声誉。每个人都应清楚自己最重要的生活目的，那就是使自己成为一个理性而又具备优秀品质的人，这才是我们的真正价值所在，钱财是衡量不了自身价值的。"

有位生意破产的商人晚上沮丧地回到家，对妻子说："亲爱的，我们的全部财产都被法院收走了，这个家算是完了。"贤淑的妻子听完后连问了他三个问题："你也会被法院送去拍卖吗？""不会的。""那我呢？""这种事怎么可能发生？""我们的孩子们能始终和我们在一起吗？""当然。"妻子在得到丈夫的回答后，意味深长地说道："我们俩以及孩子们就是这个家最宝贵的财富，只要这笔财富还在，我们这个家就还有希望。"她在停顿后继续说："我们仅仅只是失去了之前辛勤耕耘的成果，我们完全可以凭借自己勤劳的双手及智慧获得更多的财富。"是呀，只要我们的家庭团结友爱，贫穷和破产又算得了什么呢？我们清楚失去的那些并不是我们最宝贵的财富。

很多人虽然没有多少财产，但却是富有的。他们总能敏锐地发现生活中一切事物的美好之处。花儿开放令他们感受到什么叫瑰丽多姿，小草生长令他们感受到生命的辉煌，江水流淌令他们感受到豪迈的气概，就连静立的石块也能令他们感受到上帝造物的力量。他们就像蜜蜂采蜜一样从大自然中汲取着力量，山川湖泊、森林草地都无偿地任他们予取予求。并且，这种收获是最珍贵的。他们能从各种自然现象中获得宝贵的知识，这令他们惊喜不已。自然界的万事万物在这些拥有高贵灵魂的人看来都充满力与美。这些天之骄子把向世人揭示大自然的奥秘，作为自己的神圣使命。于是他们就像沙漠中的游人渴望水一样，拼命从大自然中汲取着精神力量，然后再取其精华，带给那些饥渴的人们。

作家洛威尔说："只有那些尽力满足国民的精神需求的国家，那些带给国民高尚的思想及道德、无尽的智慧与欢乐的国家，那些能令所有灵魂饥渴之人感到满足的国家，才称得上是真正成功的国家。"

>>> 固执己见的人最终只会走向失败

很多志向远大、应该大有作为的商人最后却以失败告终，他们输在顽固守旧、不能顺应潮流上。这使我想起了一则笑话，有个老兵在行进时迈错了步子，却还一个劲地指责别人都走错了。对于新兴事物，我们应以包容的眼光去看待，而不是一味排斥。我们应大胆吸收其中的精华。固执己见、排斥外界的人最终只会走向失败。

每个月都有报社在新闻业的激烈竞争中倒闭，导致它们失败的一个重要原因就是因循守旧，不能顺应潮流趋势。他们的编辑方法老旧，也不懂制作铅版歌曲。并且他们吝啬于成本的投入，舍不得买电报机，也舍不得聘请写作高手。为了节约成本，他们甚至不顾稿子的质量而随意找人校对。这种做法当然只能做出令人讨厌、质量粗劣的新闻。要想获得良好收益，就必须舍得大量投入成本，好的新闻是由钱财堆积起来的，可惜他们不明白这个道理。他们的做法会使报纸的销量越来越低，直至招揽不到任何商业广告，最后以倒闭告终。

任何行业都应顺应潮流趋势，否则只会走向失败。人类社会随着生产力水平的突飞猛进而发生着日新月异的变化，这是不争的事实。最新、最具价值的东西无疑是最吸引人的。所以，无论是报刊、杂志还是书籍，要想获得大批读者，吸引广告商，就必须紧跟时代的步伐，做顺应潮流的事。

那些能紧跟时代步伐的年轻老师是学校里最受欢迎的老师。而有些原本教学成绩不错、颇受欢迎的老师，最后却由于顽固守旧、不懂尝试新的教学方法而被学生抛弃。

法律界也是如此。律师要想取得胜诉，就必须随着法制的健全而更新自己的法律知识及辩论技巧。不懂得变通的人即使获得成功也只是暂时的，很快就会被时代的发展所淘汰。成功的律师是不会墨守成规的，他们时刻都在学习最新的法律条文，以跟上时代的步伐，否则他们会在不知不觉间被新人所取代。

医生们更应注意这一点，很多医学院毕业的年轻医生，他们业务上的良好声誉会随着时间而慢慢失去。这是因为他们不肯学习新知识，了解新事物，始终守着学校里学来的知识去工作。他们不愿进修专业知识，甚至连最新的学术期刊也舍不得订。他们不肯费神去钻研最新临床疗法，仍然使用一些费用高、疗效差的陈旧疗法，被病人抛弃是理所当然的事。

这种医生对附近新开的诊所毫无警觉，直至自己的生意全被抢去，他们才明白同他人的差距。那些新诊所雇用坚持学习最新学术期刊的年轻医生，有最先进的诊疗设备及最新的疗法，就连装修风格也令人感到愉悦。

聪明的农夫会想方设法提高自己的农活技术。他们会合理地使用化肥，采用最快捷的农用机械，选择最优良的种子，因此总能轻松地获得好收成。而那些目光短浅、反应迟钝的农夫的境况就不容乐观了。他们只会照着祖辈传下的方法去做，起早贪黑地辛苦一年却只够填饱肚子。那些善于使用新方法、新农具、新种子的农夫显然要过得好一些。

在现实生活中，有很多曾经名声显赫的画家最终却寂然无声。这些人必然是在作画技巧上因循守旧，不懂变通，导致人们厌倦了他们一成不变的画风，他们只好黯然退场。

我认识一位十分出名的画家，他对待自己画作的要求极高，不容半点缺憾。他所有的画作都异常工整、传神。"你就算用放大镜去研究我的画也找不到一点缺陷。"他曾这样评价自己的画。人们最初对他的画评价颇高，但他不爱从别人身上学习有用之处，这是他致命的弱点。这位受尊崇的老画家对野兽派、印象派、未来派讥讽不已，说他们的画风全都粗俗不堪，更不用说让他去揣摩其中的可取之处了。他这种顽固落后的做法使得他最终被历史所淘汰，人们不再把他看做值得学习的大师，他的生活日渐清贫，最终在愁苦中去世。

每个人都必须坚持学习，才能在这个不断变化发展的社会中占据一席之地。并且我们应善于向竞争对手学习，这样有助于我们找出自身的不足之处，更好地发展我们的事业。艾德蒙·波克说："面对对手，不应害怕，而应感激。因为是对手鞭策着我们不断努力，提升自己的能力，让我们不致饱食终日，毫无追求。"此外，我们还应该经常观摩别的机关、企业、工厂、商店，做到知己知彼。

生活态度消极被动、故步自封的人难以有所成就。这种人思想保守、观念陈旧，他们毫无活力，就如同瘫痪之人一般无法活动。

成功对于从事任何工作的人来说都是有一定困难的。那些资历老但因循守旧之人，他们成功的机会反而没有那些顺应潮流的年轻人多。例如在当今社会，想要取得商业上的成功，不仅需要精通商业知识及谋略，头脑敏捷，做事迅速，还要有全面、广泛的学识。这种学识包括了解各国风土人情以及人文地理，而不仅仅是局限在商业知识上。成功的商人还应具备各种优良品质，例如胸怀宽广、积极进取、坚忍不拔等。

在当今社会若还坚持老旧的经商方法，是绝不会成功的，这就好比骑着毛驴去同别人的汽车、飞机竞争。

商海风急浪高，置身其中如同孤舟般随时都有翻船的危险。我们必须能迅速、准确地判断出风向并顺风而行，才能避免翻船的悲剧，顺利到达成功的彼岸。

凡事追求新颖是如今发展所有事业的重要前提，想要做到就必须紧跟时代步伐，积极进取。

见识广泛、目光敏锐的企业家总能看到人们的最新需求并做出相应的举动，他们必定会取得成功。有些商人不懂得去适应人们不断变化的需求，总是一成不变地卖着过时的商品，辛辛苦苦地工作，最后却只换来失败的结局。成功的商人将顾客看做上帝，如同医生研究患者的病因般细心研究顾客的需求。因为他们明白自己要想获得成功，必须先满足自己的上帝。对于商人来说，店里那些无人问津的商品应尽早撤换，换上新的产品以吸引顾客。

花样迭出、富有新意的菜式能够帮助家庭主妇留住丈夫和孩子对家的眷恋，年轻人在做事时也应该学习这种方法。没有人愿意逛那些摆满过时商品的商店，商人们一旦蒙上这种落伍的名声，将很难取得成功。

你会想要去一家什么样的店买帽子呢？应该会去那些拥有做工精良、款式新颖的帽子的商店吧，反正不会买已经过时的帽子。我们做任何生意也都是同样的道理，只有紧跟流行趋势才能获取成功。

那些故步自封的店主消息闭塞，不了解外界的变化及顾客的需求，成功的希望渺茫。与他们相比，那些顺应潮流、聪明能干的年轻店主更易取得成功。

很多年轻人在过时的东西上辛苦付出，花费大量精力，而不懂得顺应潮流，结果毫无建树，白白浪费了自己的过人才华及辛苦付出。真正明智的年轻人会将精力合理地用在顺应时代潮流的事情上。

一味地守旧、怀念过去，对我们的未来没有任何好处。这种行为不仅对我们的发展没有帮助，还会促使人走向失败。

落伍之人仿佛活在一个世纪以前，他们眼中的世界毫无乐趣可言。他们有时经过冥思苦想，讲出一句自认为很聪明的话，其实是早已过时的。没人指望他们身上能存在新意，他们被看做是思想呆板的老古董。

想要成就一番事业之人，必须善于紧随潮流前行，这会使你在不自觉间大步向前迈进。而一旦成为别人眼中的落伍之人，就几乎注定会走向失败。

我们所处的社会，正随着科学水平的进步以及生产力的发展，发生着翻天覆地的变化。今时不同往日，那些如今一文不值的东西在10年前可能还是流行之物。我们必须紧随潮流前行，来应对日趋激烈的商业竞争、文化上的全面革新以及科技的发展变革。例如在10年前，只要具备读写计算能力、会招呼顾客，就算是合格的商人了，而这样的商人放在现在注定会以失败告终。

想要过上好日子，必须得全面了解如今的时代。如果你对此一无所知或者所知不多，那么注定会生意失败，并且成为一个目光短浅、思想狭隘之人。

如今的商业竞争越来越激烈，对一切事物都只略知一二的人是没法立足其中的。这种激烈的竞争使得我们必须做到对社会有全面、详尽的了解。如今采购及销售已发展成一门独立的学问。

现在优秀的人才都流行去学电器专业，导致电器行业的竞争日趋白热化，不再局限于商业竞争上。这正如50年前学习法律、医学一样，学习电器专业的人不仅要学好专业知识，还要对其他知识也有全面认识。

虽然如今年轻人的能力已有显著提升，但仍需继续学习、继续努力。因为在我们进步的同时，社会也在不断地发展进步。抓住一切机会去补充自己的知识，我们才有望取得成功。

每个人都应以积极进取的心态对待自己的事业，无论你是工人、医生，还是商贾、政客。我们应不断追求进步，裹足不前是无法抵达成功的彼岸的。不要等到被时代抛弃，才恍然发现自己的知识远远不够。

我们要想始终紧跟时代的步伐，立足于竞争激烈的社会中，就必须坚持不懈地学习、探索、研究与思考，一往无前、全力以赴地去学习、拼搏，直至走向最后的成功。

>>> 失去金钱不可怕，可怕的是失去信用

诚信的言行能极大地促进我们自身的进步。因为言行诚信之人，他们不管是从外表还是从心底都对自己的行动充满自信。只有卑鄙之人才会以欺骗他人的方式来获取荣誉，这些人时刻担惊受怕，永远无法获得内心的平静。

在如今的美国，许多年轻人不惜牺牲自己的人品及声誉来换取眼前微不足道的利益，令人十分心痛。他们就算得到丰盛的名利又能如何？人格的丧失是任何其他东西都弥补不了的。

连人格都抛弃的人是不可能取得非凡成就的。人生如果失去了诚信，就变得毫无价值。它使人不顾尊严地一心追求权势，与人类善良的天性背道而驰。这种人为了利益，什么事都做得出来。声誉是我们人生中最宝贵的东西，一旦失去将很难再找回。

高效、守时、坚韧、诚信是人类的四大好习惯。一旦养成，将毕生受益。工作不讲求效率，便会错失很多成功的机

会。时间就是生命，不懂得守时的人，也就是在扼杀自己的生命。对任何事情都浅尝辄止，欠缺坚持与韧性，必将一事无成。缺乏诚信的人，必难取信于人，一个连别人的信任都得不到的人，何谈成功？

贺德先生是波士顿的市长。他说："对近50年来的商界进行一个总结，可以得出这样的结论：那些不诚实的人最终都无法生存下去，而诚实高贵的品质让很多人成为生意场上的著名人物。诚实具有非常强大的力量，那些诚实的人因为这种力量而成功，而那些不诚实的人则遭到了严厉的惩罚。商人把顾客需要的东西卖给顾客，而顾客的信任就是他们赢利的基础。所以说，买卖双方都应该懂得诚实的重要性，尽最大的努力来保持诚实。诚实也会使资本家和工人双双获利。如果资本家欺骗工人，无情地压榨工人，那么工人就会反抗，资本家也会因此而失去利润。反过来说，工人就会因为资本家的诚实而为资本家创造更多的利润。很多成功人士，成功的秘诀就是诚实。"

布爱洛·利顿说："如果大家都相信一个人，那么成功就会降临到那个人身上。"《伦敦图片新闻》的创始者英格拉姆是一个非常让人钦佩的人。在从事新闻业的起步阶段，他就把每一个读者都能够看到报纸当做追求的目标。为了实现这个目标，他曾跑了10英里的路去送一张报纸。这是他能够成为报业举足轻重的人物的重要原因之一。

因为诚实得到回报的事情，同样发生在商业大鳄斯图尔特的身上。他说："诚实是一项非常重要的品质。无论做什么事情，都离不开诚信。特别是在创业之初，诚实的作用更为重要。诚实是事业的基础，如果不能够做到诚实，要想成功，将会难于登天。"

1837年，正当乔治·比波弟移居到伦敦的时候，美国发生了经济危机。很多银行为了减轻损失，便将现金支付业务暂时停止。由于这个原因，一大批企业面临着破产的处境。爱德华·埃福瑞特说："美国经济遇到了前所未有的挑战，处于最危险的状态之中。因为，人们不再相信银行了。"因此，当时在欧洲的美国人根本就得不到欧洲人的信任。但是，那些欧洲人却仍然一如既往地信任乔治·比波弟。因为他已经成为商业领域内的一面屹立不倒的旗帜，无论什么时候，他都能够保持正直。要是没有他，美国在欧洲就会名誉扫地。凭借着诚实的品质，他多次渡过难关。要是没有他，大洋两岸的批发贸易将无法正常进行下去。

瓦尔特·斯格特是英国著名的小说家，同时也是一个非常诚实的人。他投资了一家出版印刷企业。后来，那家企业因为经营问题而倒闭，他也因此欠下了6万美元的债务。他的朋友们都很仗义，得到消息后就打算凑钱帮他还债。可是，斯格特并没有接受朋友们的帮助。他说："各位的好意，我心领了。但是我不能接受你们的帮助。我自己的事，还是我自己来解决吧。失去金钱并不是一个可怕的事情，真正可怕的事情是失去信用。"他说到做到，为了在短时间内把债务还清，他每天都非常努力地工作。他那家企业倒闭的事情，经常出现在报纸上，而且大多数的报纸对他的遭遇表示同情。他对那些文章不屑一顾，并说道："我现在非常心安理得，睡觉特别香。因为我的行动已经向我的债主证明，我是一个诚实的人，为此，他们还说不让我偿还他们的债务了呢！但是，这样做不符合我做人的准则，我是坚决不会同意的。这些债务或许会把我折磨得疲惫不堪，但是我却非常高兴，并感到无上的光荣。我一定要把债务还清，就算累死也在所不惜，因为对我来说，信誉比生命更重要。"

圣·路易斯银行主席对银行家们说："信用是很多人能够借到成千上万美元贷款的重要原因。他们可能并没有多少钱，但是他们的品质却令人佩服。他们借款之后，总是能够按时还款。"一个银行家说，如果一个不诚实的富人和一个诚实的穷人同时向他借钱，那么他会毫不犹豫地把钱借给后者。这是因为，富人的偿还能力毋庸置疑，但是他们是否按时偿还却是一个未知数。从这件事可以看出，信誉对于商人有着极其重要的作用，信誉可以带来利益。

有一个非常著名的商人曾经对一个年轻人说过这样的话："你是一个诚实的人，别人都相信你，所以他们才会把全套装备都赊给你。他们知道，虽然你没有钱，但是你说的每一句话都会做到。他们对你非常放心。"另外一个成功商人说："在这个世界上，赚钱的机会随处可见，但是只有那些正直和诚实的人才能够把握住这些机会。"

商界有商界的规则，你以往的言行会成为商人们行动的依据。你必须要小心谨慎，因为你说过的每一句话，做过的每一件事，都对你的现在和将来有着深远的影响。如果一个人不诚实不正直，那就很难在商界立足。大家都相信那些诚实的人。人们不会把钱借给那些不正直、不诚实的人，银行家和商人比一般人要精明得多，他们借钱时会更加注重信用。他们有自己的信誉调查公司，会对借钱的人进行严格的考核，以防止他们的钱被人骗走。

对年轻人来说，赢得他人的信任将对自己日后的成功起着重大作用。这就要求他从做第一份工作开始，就必须踏踏实实，勤勤恳恳；要做好时间上的安排，不要浪费自己的时间；要严格约束自己的言谈举止，绝不做任何损害自己名誉的事；要时刻谨记自己的原则与坚持，任何时候都不可背信弃义。在做到这些要求以后，他才有可能取信于人。

第三章

永不绝望,敢于面对一次次失败

很多被命运征服的人,就是倒在了某一次失败上;很多征服命运的人,其实就是战胜了一次又一次的失败。永不绝望的决心,是你失败了重新再来的勇气,也是你失败后能获得成功的重要资本。

>>> 先确立正确的人生目标

在现代社会中,有无数年轻人陷入了一种可悲的境地,他们唯一的人生目标就是赚更多的钱。金钱已经成了他们人生的主宰者,无论做什么都以赚钱为中心。在他们看来,这世上再没有什么事情比赚钱更重要了。这些人的脑袋被赚钱的念头充斥得满满当当,再无精力去理会其他,更遑论培养美好的品格与广阔的胸怀。

将赚钱视为唯一目标的人,自然而然会在这方面倾注一切精力。因而,人们要对生活持有正确的态度,就必须先确立正确的人生目标。人们的才能发挥取决于人生目标的制定,一个将赚钱看得高于一切的人,怎么可能拥有高尚的品格和优秀的才能?人们会因为过分看重金钱而变得见利忘义,连基本的良知都失去了。可想而知,这将会对他们的感情生活造成多大的破坏。当亲情、爱情与友情全都离自己而去时,一个人如何还能称之为人?

无数年轻人就是因为这个原因走向了失败。起初，他们对生活满腔热忱，对未来充满希望，后来却因为过分追求金钱利益，逐渐变得极度自私自利。在这个过程中，最初的热情与才能持续退化，最终沦为世间最平庸的一分子。这样的过程最开始很难被人发觉，等到变化逐渐扩张，暴露眼前时，想挽回却已来不及了。贪欲就像恶魔一样，只要被它纠缠上，便很难再脱身，只能无奈听命于它。

　　每个人都会问自己这样的问题："在我的生命之中，最重要的是什么？""我到底应该确立怎样的奋斗目标？"目标的确立至关重要，人世间最可悲的莫过于苦心孤诣地为一个完全错误的目标奋斗了一辈子。毕生精力付诸东流，竟只为满足扭曲病态的欲念！当一个人的身心被过度膨胀的贪欲主宰时，所有良知与幸福都会离他而去，将他抛弃在一片孤独的黑暗中。

　　人人都可以过得幸福快乐，很多人之所以不快乐，原因就在于过分膨胀的贪欲。在他们眼中，幸福就是拥有足够多的钱，可以满足自己的一切物质需求。这些人不会了解，真正幸福的生活源自平和的内心，而非充足的物质享受。幸福感与满足感从来不属于那些被过分膨胀的贪欲控制的人们。

　　贪欲会扼杀人们的幸福。我从未听闻哪个贪欲膨胀的人事业有成、生活幸福。人们会因为自身不切实际的目标和好高骛远的志向而变得越来越唯利是图，陷入深深的痛苦折磨之中难以脱身。

纵观中外历史，多少国家因为某个政治领导人的野心勃勃而损失惨重。将自己的野心看得比整个党派甚至整个国家的利益还重，这样的政治领导人最终只能得到声名狼藉的失败下场。不仅是政客，对每个人而言，将一己私欲看得高于一切，后果都将不堪设想。

罗伯特说："不可避免，我们每个人都有欲望，低级的享乐欲望，以及高级的精神欲望。"要想成就一番事业，就必须学会控制低级欲望，追求高级欲望。

人们要找到正确的生活方式与生活态度，就应该摒除贪欲，树立正确健康的理想，并持之以恒地为之奋斗。有了健康的生活态度，积极向上的进取心便会不断生长，指引我们的行动，最终将我们引向成功的最高峰。在这个过程中，我们的心灵会拥有前所未有的满足与快乐。反之，若是从一开始就犯了错误，树立了完全不可行的理想与目标，那么无论怎样努力，最终都只能得到失败的结局。在这个过程中，也不会收获任何幸福。

一味追名逐利的人，已经将自己的身心完全交付于贪欲掌控。终其一生，他们体内的潜能都不可能得到有效的发挥，这会严重阻碍他们的职业发展，最终将他们的发展之路彻底堵死。成功者绝不会轻易放弃自己的人格、自尊与幸福，不管是为了金钱还是名誉。因而，任何想要成功的年轻人都要谨记：千万不要怀着完全错误的人生目标踏上奋斗征程。

>>> 给自己树立必胜的信念

无论做什么事,都要有这样的信念:我一定会成功!一个对自己的能力完全不确定,满心惶恐的驯兽员是不可能成功的。要想成为一名成功的驯兽员,必须要树立这样的信念:"若是连我都驯服不了这些野兽,那就没有人能驯服它们了!不用怀疑,我一定可以成功!"驯服野兽绝非易事,但只要有了必胜的信念,再困难的事也会变得简单。

无数事实向我们证明,只有坚定信念,才能获得成功。一个人的勇敢自信,会在眼神中表露无遗。我们一定要战胜自己眼神中的畏怯,坚定自己内心的信念。成功之路艰难坎坷,稍有不慎便会造成不可预计的后果。在这种情况下,没有必胜的信念,不相信自己一定能成功的人,必然走向失败。目标的达成必须要有决心,这一点不管对什么人都同样适用。

一名商人,若是对自己总持怀疑态度,成功便会自动远离他,那么他如何在商业领域建功立业?要想功成名就,只需具备一个条件就可以了，那就是必胜的信念。任何事在开始之前结局就已基本确定了：你怀有什么样的信念，便会得到什么样的结果。做事之前要考虑清楚，就如设计好图案之后才能开始织布一样。我们行进的方向由信念指引，而最终将我们引向成功的则是必胜的信念。

那些对未来完全没有信心的人，在行动之前就已经失败了。在这个世界上，穷人占据了大多数，或许你就是那大多数人中的一员。若你还在为此愁眉不展，无计可施，那么将来等待你的依然会是贫穷，不会有任何改善。一个学生，若对自己升学的能力毫无信心，在应该埋头苦读的时间，他却在抱怨重重，那等待他的结局必然是升学失败。一个年轻人，若在失业后便陷入了胆怯怀疑的误区，完全不再信任自己的工作能力，那他便很难再找到一份好工作。

一个连自己都看不起的人，如何能叫别人看得起？又如何能有勇气、有毅力追求自己的事业？人们总说对自己评价过高的人惹人反感，殊不知对自己评价过低的人更遭人憎恶。我从未见过一个自我评价极低的成功者。因为人的自我期望与成就是成正比的，期望值越高，相应的成就也就越大。一个根本看不起自己的人，其自我期望值如此之低，又怎能成就一番大事业？

若认定自己是个平凡的人，你的表现绝对不会出众。自我感觉欠佳者，其大部分潜力都将得不到开发。人应该客观地评价自己，制定合理的奋斗目标，唯有这样才能得到自己应有的成就。

最可悲的是，很多人在孩童时代，就已丧失了必胜的信念。家长和老师或明显或隐晦地告诉他们，由于他们才能匮乏，日后定然难有所成。这种行为的恶劣程度比起犯罪有过之而无不及，因为它将孩子对未来的信念与勇气毁之殆尽。孩子们学到知识的多寡并不是最关键的，最关键的是他们对人生树立了怎样的态度，这一点极少有家长或老师能够明白。

我认识一些人，他们都立志要功成名就，其中有人的理想是做医生，有人的理想是做生意，还有的人想做律师。可惜，他们最终都没有实现自己的理想，原因就是不具备必胜的信念，在小小的挫折面前就信心尽失，自动缴械投降。成功从来不属于这样的人。

我也认识一些与之截然相反的人，他们对工作热情洋溢，对未来充满信心。他们立志成功，便不会因为任何挫折而产生动摇。坚定的信念仿佛成为一种器官，牢牢生长在他们体内。

人们要在工作生活中投入百分百的热忱，失去了热忱，也就意味着失去了灵活的思维与坚定的意志，失去了追求成功的意念，最终失去了人生的所有快乐。因而，不管周围的环境多么糟糕，人们都应时刻保持热忱。

信念坚定是所有成功者的共同特征。他们似乎天生就要与成功结缘，失败从来不会成为他们思考的问题。他们所持有的坚定信念，永远不会因为别人的怀疑与轻视发生动摇。这一点对于他们至关重要。只要有胜利的把握，他们便会毫不犹豫地展开行动，追求成功。他们身上具备的成功者的潜能，使得他们在生活中颇具领袖之风，面对任何情况都能处理得当，游刃有余。这对其身边人的生活也将产生巨大影响。

人们的潜能会因强大的信念而得到最大限度的发挥，信念能够创造奇迹。成功者必定信念坚定，而失败者之所以会走向失败，信念不足便是主要原因。在挑战面前，失败者没有必胜的信念迎难而上，只会一味畏惧退缩，让成功距离自己越来越远。

要想令人记忆深刻，就必须展露出强者的姿态。终日满怀犹疑与怯懦，是失败者才有的姿态。持有必胜信念的人，其自信会从心底散发出来。有的人尽管心里完全没底，却还要假装自信满满，结果被人轻而易举就看穿了。真正信念坚定的人，拥有令人绝对信服的气场，甚至叫人宁可不信服自己，也要信服他们。

赢得别人的肯定与支持，是每个人在工作过程中都会产生的欲求。人们希望所有人都能认同自己的计划，并据此展开各项工作。例如，医生想得到病人的倚赖，律师想得到客户的信任。然而，这种希望的达成需要有坚定的信念作支撑。如果他们对自己都没有信心，不相信自己可以做好这份工作，又如何能奢望别人给自己这样的评价呢？我们并没有太多时间可以浪费，想要成功的话，从这一刻开始就要坚定信念，付诸行动。假若一直迟迟疑疑，瞻前顾后，只能错失成功良机，日后悔之晚矣。

若现状不能叫你满意，便要马上行动起来改善这种状况。与众不同的成就，源自与众不同的信念。不要让各种杂念侵蚀了你的意志，坚定地朝着自己的预定方向行进，成功就在前方。

若几个人才能相当，最先成功的必定是信念最为坚定，敢想敢做的那一个。没有必胜的信念，对自己的才能明显缺乏自信，这样的人如何能取得成功？只要有信念，黑夜绝不会统治我们的一生，黎明的到来只是迟早的问题。成功的道路迂回曲折，走到最后终点的只会是那些怀有必胜信念的、永不言败之人。古往今来成就非凡者，无论遇到怎样的困难，都不会对自己的能力产生半分怀疑。信念动摇，信心尽失，无数人因此在成功大道上半途而废，试问天下间还有什么比这更悲哀的呢？

　　成功者必须具备这样的素质：坚定信念，无论在何种情况下都毫不动摇。人类社会之所以能发展到今天，信念的巨大推动力不可小觑。成功的道路上磨难无数，信念稍有动摇便会半途而废。怀有必胜信念之人，对未来的成功自信满满，所以他们能够在磨难面前镇定自若，从容应对。成功最好的拍档便是这种信念，唯有它能够支撑人们时时刻刻保持旺盛的斗志，奋勇拼搏，坚持不懈。所以，不管眼下的情况多么糟糕，未来看起来多么黑暗，我们都要保持必胜的信念，勇敢坚定地走下去。成功人士的一个共同点就是，无论何时何地，他们都能保持坚定的信念和旺盛的斗志。这种精神最终将他们推向成功的高峰，高高在上俯视下面随波逐流、碌碌无为的人群。

　　立志成功之人，会满怀信心地朝着目标奋进，无论结果怎样，都会勇敢面对。他们相信人定胜天，路是人走出来的。他们唯一的目标便是"成功"，愿意为此付出一切。他们笃信自主创新，前人走过的路，他们断然不会再走。当机立断是他们的一贯风格，一旦定好行动计划，旋即付诸实践。在他们眼中，所有前进道路上的坎坷艰难，只是试炼，而非障碍。当一个人做到了这些，毫无疑问，成功必将是属于他的。

美国很多伟大的人物都是如此，林肯、华盛顿、格兰特，等等，无一例外。每个人都应该阅读一下他们的传记，让他们伟大的精神感染自己，指导自己前进的方向。

成功需要果敢、坚定、必胜的信念。没有果敢、坚定、必胜的信念，便不会有坚持到底的意念，成功也就无从谈起。因而，为了最终赢得成功，我们必须时刻保持旺盛的斗志和必胜的信念，义无反顾地勇往直前。

>>> 不要质疑自己的能力

一个对未来满怀期待的人，会从这种期待中获得巨大的动力，为实现自己的人生目标不断奋进。

对未来满怀乐观的期待，是人生之中最有价值的事。那么，何谓乐观的期待呢？希望拥有最美好最幸福的将来，这便是对未来最乐观的期待。有了这样的期待，人们便能在成功的道路上坚持不懈地奋斗下去。

对未来强烈的期待会促使人们积极进取，最终实现自己预想中的美好前程。人们若期待事业有成，便会拼尽全力在商场打拼；人们若期待流芳千古，便会竭尽所能造福社会。

很多自幼生活贫寒、身份低微的人都坚持这样一种观点：人世间所有美好的东西都是给那些身份高贵的人准备的，自己根本没有资格享受一分一毫。只有身份高贵的人才能住豪宅、穿名牌、吃美味佳肴。像他们这种身份卑微的人，一辈子都无法脱离自己的出身，无法摆脱贫穷的桎梏。若是一个人的内心充满了这种自轻自贱的思想，试问他如何还能有信心迈出通往成功的脚步？

成功永远不会眷顾这类人：他们对自己毫无信心，对未来毫无期待；他们故步自封，不思进取；他们坚信世上一切的美好都与自己无缘。

可以说，人们有什么样的期待，便会有什么样的收获。当然，在这个过程中，还需要坚定信念，不断奋斗，坚持到底。当人们对未来的成功有了强烈的期待时，首先要做的就是让自己的信念坚定下来。一个总在质疑自己的能力的、欠缺自信的人，很难成为一名成功者。只有那些积极进取，大胆创新，乐观向上，对未来充满期待的人，才会取得最终的成功。

杰出的历史学家弗兰希斯·帕科曼，还在哈佛上学的时候就已经立志将英国人与法国人在北美的发展史记录下来。为了实现这个伟大的理想，他将生命中所有的精力与财富都毫无保留地奉献出来。为了收集资料，他曾混入达科塔的印第安人中间，这件事严重损害了他的健康。在接下来的50年中，他的双眼每次只能支撑5分钟的阅读，超过这个时间，阅读就便无法继续下去。在这样的情况下，他仍然保持着坚定的信念，竭尽全力朝着自己读书时就已确定的人生理想进发。最后，他的献身精神终于有了回报，写成了一部在该领域中占据最高地位的历史巨著。

作为一名英国十字军战士，基尔波特·贝科特在征战途中被俘虏，成了地位卑微的奴隶。可是，他并没有因此自暴自弃，反而通过自己的努力，成功取得了主人的信赖和主人美丽的女儿的一颗芳心。在这段时间，他从未放弃过逃跑的念头，在经历了一次又一次的尝试之后，终于成功逃回了自己的祖国。对他芳心暗许的姑娘执意追随他，当时，她总共只会说两个英语单词："基尔波特"和"伦敦"。她逢人便问"伦敦"，功夫不负有心人，她终于找到了一艘开往伦敦的大船，成功抵达了这座城市。在伦敦，她又用起了老法子，逢人便问"基尔波特"，最后总算找到了基尔波特的家。当时基尔波特已经靠着自己的才能闯出了一番事业，他在家里听见有人在叫自己，随即透过窗户向外观望。当看清楚是那位美丽的姑娘以后，基尔波特马上出去欢迎自己风尘仆仆到来的恋人。

著名的作曲家亨德尔在少年时期被家人禁止接触乐器，就连上学的机会也被剥夺。然而，他并没有因此气馁。每天半夜三更，他都会悄悄来到一处隐秘的阁楼，利用那里的一架废弃的古钢琴练琴。巴赫在少年时期，曾为了抄下自己所看的书，去问人借蜡烛，结果遭到了拒绝。可他并不灰心，坚持在月光下抄书。著名的画家维斯特起初的练画地点也是在阁楼上。没有画笔，他便偷偷拔了自家小猫身上的毛做成一支画笔用。

那些对成功既期待又畏怯的人，基本上没有获得成功的机会。一个人若想获得巨大的财富，就一定要克服心理上的矛盾与挣扎。想要获得财富，便不能安于现状，要勇于突破自我，直面前进道路上的一切艰难险阻。只有这样，最终才能进入财富的殿堂。

大多数人在心理上都存在一种惰性，对改变现状持畏惧态度，犹犹豫豫，不愿采取行动。人们只有在战胜了这种惰性以后，才能获得成功。人们对于未卜前程的恐惧，就是这种惰性产生的根源。当人们的内心被恐惧充满时，想要获得成功几乎就变成了不可能事件。要战胜内心的恐惧与惰性，就必须要对未来怀有乐观的期待。对健康生活的期待，对美满家庭的期待，对高尚品格的期待，都将对人们走向成功大有帮助。

对于未来，很多人都持有乐观的期待。他们拥有强大的自信心，坚信自己一定能够成功，而且这种信念在任何情况下都不会丝毫动摇。他们是如此的积极乐观，无形之中引发了某种未知而强大的力量。他们就是在这种力量的强大作用下，在通往成功的道路上势如破竹。

要想将自己体内的潜能全都激发出来，就一定要对未来怀有积极乐观的期待，对成功怀有极度的渴望。

不管在什么情况下，都不要质疑自己的能力，因为只有那些信念坚定，对未来怀有美好期待的人，才有希望走向成功。要想将世人眼中难如登天的成功事业变得唾手可得，就必须要有乐观的期待、必胜的信念以及顽强的意志。

>>> 成功总是青睐于脚踏实地的人

成功总是青睐于那些脚踏实地、勤奋努力的人。那些习惯于投机取巧、弄虚作假的人，终将一败涂地。一个富家子弟，本身才智平庸，却因为父亲的关系在公司中坐上高位。假如他稍有一点自知之明，了解这个职位本该属于一个有能力有经验的人，就会因此感到羞耻。

生活在这个社会中，人人都需要接受大众的评判。要想赢得良好的口碑，必须要踏踏实实、勤勤恳恳、凭自己的真本事做好本职工作，而不能依靠弄虚作假。这一点说起来容易，做起来难。

有的人一天到晚都在做些无聊的事，任由自己的时间白白浪费掉。还有的人终日沉迷于酒色之中，除了享乐，无所事事。这些人将自己的才能与精力全都白白糟蹋了，他们就像寄生虫一样生存在这个社会中。

不依靠弄虚作假，而是凭自己的真本事得到的劳动成果，会令人非常珍惜，因为它来之不易。面对自己奋斗多时，好不容易才取得的职位，任何人都会谨慎小心，勤勤恳恳，唯恐自己的工作会出现半点差错。若是一个人靠关系才坐到了当前的职位上，感受便完全不同了。他很清楚自己的能力根本达不到这个职位的要求，因而对自己日后的发展完全不知所措。唯有高能力的人坐在高位上才有底气。

有一位住在南达科他州布莱克山区的谦卑的矿工，得到小镇人民的一致称赞。当地人都对他充满了喜爱及敬佩之情，即使他并不是一个有多高学问的人。关于他，有位工人这样说道："他是那种令人一见到就忍不住会喜欢的类型。"这位工人解释了原因："他是个真正的汉子，不但诚实可靠，而且心地善良，任何时候他都会对那些需要帮助的老人及小孩伸出援助之手。"

在他所在的地方，还有很多与他一样怀揣掘金梦想的年轻人，不过，虽然他们聪明、勇敢又能干，但是他们都达不到这样好的声誉。

当地人将这位矿工看做是真善美的化身，他们在心底亲昵地将他称作"亲爱的艾克"，无论何时何地都是如此，这对任何人来说都是一件值得骄傲的事情。尽管人们不知道他的全名，但他通过自己善良的行为所赢得的美誉，犹如一座无字的丰碑树立在人们的心中。

后来，这位矿工凭借诚实而友善的性格而得到大家的信任和一致拥戴，当上了小镇的镇长，并成为市议会的一员。人们都对他敬爱有加，即使他讲话并不高雅也丝毫无损他在人们心目中的形象。

>>> 养活自己是最基本的责任

人生在世，养活自己是最基本的责任。我们必须学会如何赚钱，也要学会如何花钱。你接受过高等教育，还是接受过中等教育，与此没有多大关系。如果连养活自己都不能做到，那么就算受过的教育再高，又有什么用呢？还没等到发挥出你的能力，你就已经饿死了。

很多人在年轻的时候受到别人的尊敬，过着非常幸福的生活，可是当他们步入暮年之后，却感觉不到任何快乐，为什么会这样呢？因为他们根本就不知道如何让自己的财富增值。我们每个人都应该靠自己的劳动来养活自己。在现实生活中，很多人都没有掌握一门谋生的本领。这在年轻的妇女身上，体现得更为明显。她们的父母在她们小的时候，就不断地告诉她们长大之后要结婚。由于受到长期的影响，她们把结婚当成了她们的使命，因此从来都没有考虑过结婚的原因，以及结婚之后该如何生活。还有很多父母，总觉得女儿长大之后就要嫁到别人家去，成为别人家的人，因此都没有想过让女儿掌握谋生的技能。有很多父母认为，女儿以后要靠她的丈夫养活，因此根本不需要学习谋生的技能。这种思想是完全错误的。那些自尊心很强的女孩子，知道这种想法后，心里会怎么想呢？也许她们根本就没打算像父母设想的那样结婚生子，而是过单身生活。可是，父母觉得女儿长到一定年龄就必须要嫁人，一直养在家里将成为沉重的负担。由于受到父母不断地催促甚至逼迫，而且又没有掌握一项谋生的技能，她们只能向命运屈服，乖乖地嫁人。

现在的女人，除了相夫教子，还可以做很多其他事情。她们的地位因为妇女解放运动而得到了很大的提升，已经不逊于男人，因此也就有了更多的机会和选择。现在的女孩子，大都学会了谋生的技能。更重要的是，她们学会了独立自主。她们认识到，自己的事情自己做主，有些事如果自己不愿意去做，没有人能够强迫她们。

但是，并不是所有的妇女都过上了独立自主的生活，还有很多妇女的生活处境非常悲惨。虽然她们也对传统的婚姻观念不满，但是由于她们无法养活自己，所以只能被迫嫁人。她们根本就没有接触过谋生方面的训练，因此无法过上独立自主的生活。我们也可以说，这样的妇女依赖性太强。因为她们需要丈夫养活，而她们的丈夫死后，她们将无法继续生活下去。

有些人在他的女儿还没有掌握谋生技能之前，就逼着她嫁给一个不负责的男人，或者让她进入社会独立生活。那些人的做法实在是太残忍了。我非常鄙视那样的人。

那些明智的父母，应该让他们的女儿掌握一种谋生的技能，让她们可以独立自主地生活。这是她们保持个性自由和人格独立的必要条件。随着时代的发展，女孩子已经有能力养活自己，无论在工作方面，还是在其他方面，她们都能够做得像男孩子那样出色。因此，她们也应该像男孩子那样，靠自己养活自己，过上独立的生活。

很多女孩子本来过着非常幸福的生活，但是一些意外的发生，让她们失去了依靠，她们只能用自己的双手去赚钱养活自己。直到这个时候，她们才意识到，原来自己什么都不会。有一些妇女在丈夫突然去世之后，就陷入混乱之中，根本无法守住丈夫留下来的偌大家业。这两种人都是因为过度依赖别人，而丧失了自己独立生活的本领。她们实在是太可悲了。

能够养活自己，是一个人必须要掌握的一项本领。有很多年轻人，在大学课堂上学到了很多知识，可是正式走上社会之后，他们却连自己都无法养活。之所以会这样，与家庭和学校的教育有着很大关系。父母认为学校会教孩子谋生技能，而学校又只教他们理论方面的知识。经过这样的教育之后，孩子们自然无法掌握谋生的技能。

很多女孩子在走出大学校园之后，对商业一无所知，更不懂得商业契约的重要性。有一位妇女就因此闹出了笑话。她去银行取钱，把一张付款支票递给了出纳员。那个出纳员看到支票上没有签名，于是就把支票退给了那位妇女，并要求她签上自己的名字。那位妇女有些不知所措，就在支票的背面写道：

我在你们银行存钱取钱已经很多年了，我觉得这样做就可以了。

——詹姆斯·布朗夫人

如果社会能够创造出一个良好的环境，让每个孩子都能得到完整的职业训练的机会，那么也就不会再有利用别人的无知骗钱的人了。

据调查资料显示，妇女们在丈夫意外死亡之后，47%的人需要靠工作谋生，有18%的人能够依靠丈夫留下来的遗产过日子，其余的35%将会陷入贫困的境地。也就是说，在丈夫死后需要靠自己养活自己的妇女占到82%。一个非常明显的事实是，如果这部分妇女都具有谋生的技能，能够自食其力的话，那么她们的生活仍将会过得不错。

很多悲剧的发生，与此有着密切的联系。年轻的妻子在结婚之前，由于在父母家里过着非常随意的生活，根本不知道怎么赚钱，也没有接受系统的理财训练，总是由着性子乱花钱。结婚之后，花钱更加没有节制，最后养成了奢侈的恶习。每次出去购物的时候，想买什么就买什么；每次出去吃饭时，想吃什么就点什么，从来不考虑价钱；在家无所事事时，总搞一些费钱的活动来取乐。一般来说，她们的丈夫都是普通的职员，收入处于中等水平。正是由于她们的种种恶习，把丈夫辛辛苦苦挣来的钱全都花光了。

一位已经结婚的女士在不久之前对我说："一直以来，我都过着非常舒适的生活，从来没有为钱发过愁。在我没有结婚之前，我总是花父亲的钱。可是，我嫁给了一个没钱的丈夫，我们要一起努力来维持生活。我在商店里看到了非常漂亮的衣服和帽子，可是因为缺钱，我根本就没法买。由于在结婚之前养成了奢侈浪费的习惯，我对这种贫困生活失望极了。在结婚之前，无论我喜欢什么东西，父亲都会给我买，因此那时我根本就不知道金钱的重要性。可是现在，我买什么东西都要自己掏钱,所以我觉得非常痛苦。"

做父母的应该在女儿出嫁之前就让她知道如何赚钱,并教她养成节俭的好习惯。据我所知,在很多家庭里,女儿从来都不被允许参与家里与钱有关的事务。其实,如果做父母的能够让她们懂得赚钱的艰辛,那么她们以后也就不会再乱花钱了。

对于大多数女孩子来说,在结婚之前,根本没有理财的机会。她们开始理财,一般都在结婚之后。因此,她们根本就不知道赚钱的艰辛,也不知道该如何花钱,才能够让金钱发挥出最大的价值。另外,她们过惯了养尊处优的生活,也不知道什么是节俭。像这样的人,很难成为一个好妻子。

在女儿没有出嫁之前,做父亲的总是独自掌管着家里的财政大权,不给她们学习理财的机会,同时还惯着她们,不管她们想要什么,都会给她们买。在这种环境中长大的女孩子,既不会理财,也不会记账。出嫁之后,她们的角色发生了巨大的变化,需要肩负起家庭的重担。可是由于在此之前没有接触过这方面的知识,因此便会手足无措,把家庭生活搞成一团乱麻。因此,那些明智的父母总是能够未雨绸缪,让女儿提前接触到家庭管理方面的知识。

有些家庭家教宽松,有些家庭家教严格。在家教严格的家庭里长大的孩子，由于受到太多的约束，所以结婚之后，她们自己当家作主，便会任意胡为，从而养成奢侈的恶习。而如果她们的丈夫对她们不加制止，反而任由她们胡来的话，那么她们将会更加为所欲为。

据说，有一个女孩嫁给了一位年轻的大学教授。她在婚后不久逛商店时，花光了家里存的所有的钱。她觉得花钱买东西是一件非常合理的事情，根本就没放在心上。可是她不知道，那些钱是她丈夫靠省吃俭用省下来的，她的父亲再也不会给她汇钱了。后来，她才意识到事情的严重性，可是那时已经晚了，钱已经一分没剩。在此后的几年里，她和丈夫一直过着非常贫困的生活。这就是她乱花钱所受到的惩罚。

能够养活自己是一个人在这个社会上生存和立足的必备能力。每一个人都应该学会养活自己的本领，只要那样才能够独立自主地生活。

去银行办一个存折，是养活自己第一件要做的事。要尽量把多余的钱都存起来，这样你就不会再随便乱花钱，而且还能够养成勤俭节约的好习惯。在年轻的时候养成这样的好习惯，等到以后就有钱养老了。

要想取得成功，就要学会养活自己，因为养活自己是成功的前提和基础。如果你连自己都无法养活，那么你又怎么能够把一家公司、一个家庭管理好？对于那些还没有出嫁的女孩子，或者刚刚结婚不久的少妇来说，学会理财非常重要。相信没有哪一个丈夫会喜欢一个不懂得理财、随便乱花钱的妻子。

不管做什么工作，不管挣钱是多是少，都应该让自己生活得更好。如果连这一点都无法做到，那么就会在竞争中陷入被动。勤俭节约并不是小气，而是让自己的每一分钱都得到合理利用。要谨慎地对待辛辛苦苦存下来的金钱，不要胡乱花掉。当你过上了节俭的生活时，你离成功也就越来越近了。

第四章
不严格要求自己,你就永远是个普通人

对于一个不严格要求自己的人,理想总是有点高不可攀。因为没有严格要求自己,他已经习惯了理想实现不了的现实。如果一个人总是得过且过的话,那么即使有再高远的目标,也很难实现。严格要求自己是成功者的共同优点之一,反之,也是很多人之所以失败的缺点之一。

>>> 从心里彻底摒除贪欲

在现代社会，许多人已经脱离了正常生活的轨道。他们放任自己的欲望疯长，进取心完全扭曲变态。这些人甚至可以出卖自己的良心与尊严来换取名利。他们贪得无厌，不切实际地追求奢华的生活，只为满足自己旺盛的虚荣心。这些人宁肯借钱也要买车，就算没钱买房，也要将租住的房子装修豪华，在穿戴上又一味追求名牌。这些毫无必要的物质追求，让他们终日疲于奔命，心力交瘁，根本感受不到真正的快乐与满足。

许多不切实际的人，虚荣心极度膨胀，将所有精力都用于追逐那些繁华的过眼云烟。他们妄图给别人留下最好的印象，以求得到别人的重视。就算他们对某件事的发展完全起不到任何作用，也希望给人造成一种自己在其间影响力巨大的假象。结果到最后，不仅别人不了解他们，连他们自己都不了解自己了。他们被过度膨胀的虚荣心左右了一切行动，完全不明白自己真正想要的到底是什么。

在这个物欲横流的社会之中，人们的贪欲不断增长。在这种大环境下，不少年轻人的进取心遭到扭曲，为了完成不切实际的高目标，他们不惜以健康为代价，拼命工作，导致未老先衰，活力尽失。他们不是没有过心有余而力不足的感觉，不是没动过半途而废的念头，但是膨胀的虚荣心立即狠狠地将这些念头打压下去，提醒他们："千万别放弃！千万别落在别人后头！要不然他们一定会嘲笑你的！"这样的提醒，让他们再也无法停止这种高速运转的状态，只能拼尽全力，一直奋斗在升职加薪的路上。他们体内紧绷着一根弦，终有一日，这根弦会受不住压力，断裂开来，他们随即将付出沉重的代价。然而，他们总觉得若不这样做，就会被人轻视，那才是他们最承受不起的。因而不管怎样，他们都会坚持到底，哪怕要因此牺牲自己的健康或是其他宝贵的东西。

放眼现代社会，多少人在虚荣心的控制下，大肆举债，最终走上了犯罪甚至死亡的不归路。多少年轻人在物欲膨胀的城市中，为了满足自己荒谬透顶的虚荣心，最终彻底迷失了人生的方向。债务会使人尊严尽失，地位与奴隶无异。债务是天底下最能破坏人们平和心境的东西，无数人因为负债累累而生活凄凉，家无宁日。事实上，生活幸福与否与物质并无多大关联。在自己的能力范围内让自己生活得更好，便可以给予家人最大的幸福与快乐。

　　是否拥有远大的理想和抱负与人们的成败关系紧密。然而，那些完全没有实现的可能，彻底与现实脱节的所谓"理想"却是要不得的。因为这其中存有太多扭曲的欲望，对人们的发展有害无益，所以一定要将其自脑海中彻底摒除。

>>> 想独立就别依赖

很多人自幼便养成了凡事依靠别人的习惯。父母、亲朋都会成为他们依赖的对象，这些人无论是学习、生活，还是工作，都无法真正做到独立自主。尽管这会为他们省却不少麻烦，但是这种依赖心理确实非常不可取。一旦有一天无人可以依赖，他们将如何是好？惰性的依赖心理，会成为他们前进道路上的巨大阻碍。

在现实生活中，缺乏独立精神的人，很难开拓自己的发展空间。这类人什么事都想依靠别人，他们的字典中从来没有"独立"二字。他们在被人欺负时连反击的勇气都没有，宁可忍气吞声，息事宁人。他们永远都在避免作出决定，生命中所有的决定都是由别人帮他们作出的。缺少了他人的帮助，他们几乎无法在社会上立足。这种人的一生都在逃避与依赖中度日，他们完全不明白自己应该对自己、对他人、对社会负责任，以至于将自己的才能和精力全都白白浪费了。

要真正取得成功，必须要完全依靠自己的力量。我们要相信，天助自助者。无论多么艰难，都要学会独立拼搏。有的父母因为出身贫寒，历尽艰辛才获得成功，因而不愿意让自己的子女吃同样的苦头，凡事都为他们安排得尽善尽美，这样便养成了子女的依赖心理。当这些从小娇生惯养的孩子长大以后，任何一点挫败都会令他们丧失斗志。成功对他们来说，无异于天方夜谭。要想获得成功，必须从这一刻开始抛掉凡事依赖别人的恶习，勇敢坚定地迈出独立之路。

优秀的船员，绝不会诞生在风平浪静的港湾中。一个人真正独立的那一天，就是他向成功迈进的开始。舍掉对旁人的依赖，才能将自己体内潜藏的能力与智慧发挥出来。

总是在别人的帮助下生活，任何人都会丧失独立的能力。要想赢得尊严与成功，就必须完全依靠自己的力量生存在这个世界上。受人恩惠并非好事，你在得到恩惠的同时，会失去更多。真正的好朋友不会什么都帮你，什么都不让你尝试。真正的好朋友会支持你独立、自主、坚强、努力、拼搏。

对成功人士来说，做任何事都显得轻而易举，因为他们能果断抓住机会。他们一旦决定便会立刻去做，制订详尽的计划并按计划去执行。有远大抱负并且自信、理智的人，总是会独立作决定。除非他们身边有在能力、见识等方面高于他们的人，才会向其告知自己的计划，与其商议。他们会在仔细考察、研究后才作出决定，然后根据自己的见识制订出周密的计划，并立刻付诸实践。他们不做无把握之事，不会趁机钻空子，也不会犹豫不决。他们清楚做事情必须坚持到底，一旦退出就前功尽弃。所以，无论遇到何种苦难他们都绝不会屈服。

如果一个人不能做到独立自主，真正服从自己的心意，追求自己的人生目标，那么他永远都无法获得成功。凡事瞻前顾后，什么都要别人帮自己作决定，这样的人即使是天才，最终也会变成庸才。

独立、自信、做自己想做的事、成为自己想做的人，只有这样，才活得有尊严、有价值。

>>> 懒散的恶习要不得

作为餐车上的司闸员,乔·思托科一直广受人们的欢迎。无论是同事还是乘客都对他喜爱有加,原因就是他的性格非常乐观开朗。可惜,对于自己的工作,他却并不用心。

他一直都表现得很懒散,有时还会饮酒。当有人因此提出异议时,他便会笑着给出这样的回应:"别为我担心啦!我的状态都不知道有多好!不过还是要谢谢你这么关心我!"他说话的口气如此云淡风轻,倒让对方觉得是自己判断错误了,也许这件事根本就没有自己想象中的那么严重。

一个寒夜,火车在行驶途中因为风暴晚点,乔非常不耐烦地抱怨起来。这种糟糕的天气可真是麻烦,他一面抱怨一面开始偷偷地喝酒。在酒精的作用下,他很快又恢复了好心情,与周围的人有说有笑。在此期间,司机以及所有列车员都在紧张地关注着天气和路面状况。

火车开到两个站点之间时,由于引擎的汽缸盖出了故障,只能停止了前进。另外一辆火车在几分钟后就会沿着同一条铁轨驶过来了,到时将会造成一场严重的事故。在这千钧一发的危急关头,列车员匆匆忙忙地来到乔所在的后车厢,吩咐他赶紧亮起红灯,给后面马上就要到来的火车发出后退的信号。醉醺醺的乔丝毫不以为意,还笑着说:"别急,让我先穿上外套。"

"不能不急了!"列车员的语气异常严肃,"后面的火车马上就要过来了!"

"好,我知道啦!"乔笑着答应下来。

列车员随即又飞快地赶回司机那边。然而,在列车员走后,乔并没有马上履行自己的诺言。他慢慢地穿上了外套,因为觉得冷,又喝了口酒。到这时,他才终于提着用来传达信号的灯笼下了火车。

他在铁轨上缓步而行,还轻松地吹起了口哨。未等他迈出十步,就远远听到火车疾驰而来的巨大响声。这一刻,乔再想做出什么挽回,也已经来不及了。后面那辆火车猛地撞击在餐车上,整个餐车都被撞得面目全非,只听到蒸汽嗞嗞的响声和乘客们的惨叫声,场面无比惨烈。

混乱中,乔消失得无影无踪。等到翌日人们在一座谷仓中找到他时,他已经疯了。那只用来传达信号的灯笼还在他手中,他挥舞着已经熄灭的灯笼不住朝一列不存在的火车呼喊:"喂,你们看到我的信号没有?"

人们将乔送回了家。之后,乔进了疯人院。他终日在疯人院中一遍遍惨叫着:"喂,你们看到我的信号没有?喂,你们看到我的信号没有?"许多乘客的性命就葬送在了他懒散的恶习下,而他自己也遭到了报应,余生都将生活在疯癫与悔恨之中。

多少人都在心中呼喊着与乔类似的话语,只要能获取一个挽回过错的机会,就算要搭上自己的性命,他们也心甘情愿。不过,有些受到挫折的人,还是会作出马马虎虎、得过且过的反应,"做一天和尚撞一天钟"随即成为了他们的人生信条。

要想让人生充满乐趣和希望,就一定要保持高昂的斗志。只有这样,才能令你在追求成功的道路上全力以赴。一个缺乏斗志、精神不振的人,即使才能过人,也难以避免走向失败的结局。失败并不可怕,可怕的是对失败的屈从。人们应该不断追求进步和成功,否则,便丧失了一切生机与希望。假如一个人现在的收入水平仅能维持日常生计,那么要改善这一现状,他就必须振作精神,斗志昂扬地投入到自己的工作中。

一个人若将自己的体力和精力全都浪费在马马虎虎的工作过程中，那么他将注定一事无成。也就是说，对人生马马虎虎、得过且过的人，根本无法找到自己在社会中的定位。在他们看来，任何一份工作都有人在做，并且做得比自己好得多。他们对社会做不出半点贡献，没有了他们的存在，社会照样正常运转。带着这样的想法投入工作，可想而知他们取得的成果会如何，别人对他们的评价又是怎样的。如果画家在画画时三心二意、得过且过，又怎么可能创作出传世名画？与之形成鲜明对比的是那些既独立又勤奋的人，只有他们才能得到社会的肯定。古往今来，所有伟大的作品全都是作者全神贯注、精益求精的成果。

　　勤奋的人从来不会浪费时间怨天尤人，他们无时无刻不在勤勤恳恳、踏踏实实地工作。只有那些懒散懈怠、敷衍塞责的人才会一直怨天尤人，抱怨命运不肯赐予自己成功的机会。殊不知再好的机会对这种人而言都等同虚设，他们的惰性只会让自己白白错失良机，最终一无所获。相较于他们，那些真正的有心人却能从一切看似不起眼的细节中找到机会。这类人就如同勤劳的小蜜蜂，不放过每朵能采蜜的花，穷尽一生的时间都在寻觅各种各样的机会。每天遇到的每一个人，每一段小小的生活经历，对他们来说都意味着一次机会。他们会把握住这些机会，不断增加自己的知识储备，提升自己的才能。

　　快乐会自动远离那些做事敷衍之人，因为他们做的所有事都漏洞百出，不仅辜负了他人的期望，更令自己自惭形秽。只有做任何事都力求完美无瑕，才能减少我们生命中的种种缺憾，才能令我们感到成功与满足，充实与愉悦。

>>> 不追求完美，难以获得成功

做任何事都力求完美的人，会拥有昂扬向上的斗志、海纳百川的胸襟，以及纯洁高尚的人格。好习惯对人们的帮助是其他任何事物都无法比拟的。

若将人生比做盖房子，那么对完美的追求就相当于奠基。一座房子是否坚固，关键就在于奠基。要想得到稳固的人生基石，便不能持有敷衍的态度。敷衍这项工作，再敷衍那项工作，如此日积月累，迟早你也会变成被敷衍的一方。连基石都没打稳，如何建造坚不可摧的房屋？

凡事敷衍塞责，从来都与完美无缘的人，是注定的失败者。一个追求完美的人，在充实地度过自己的一天以后，晚上临睡前会拥有旁人难以想象的满足感与成就感。

要想为自己的人生奠定稳固的基础，那就从现在开始摒弃敷衍，努力养成追求完美的好习惯吧！你的才智会在这个过程中突飞猛进，你的身心会感受到前所未有的愉悦与满足。想要成功的年轻人们，当你们踏入社会，开始崭新的人生历程时，一定要谨记养成凡事追求完美的好习惯，它会对你们的成功大有帮助！

总之，凡事追求完美对年轻人而言尤其重要。人们应从小养成良好的习惯：要么不做，要么做好。因为，付出多少，回报多少。要得到最好的回报，便要竭尽所能作出最大的付出。斯特拉利瓦里是一位优秀的小提琴制造家。他制作一把小提琴通常都要耗时良久，这一点最初得不到人们的理解，反而让他因此沦为别人的笑柄。然而，如今再看他费尽心血制造的小提琴，无一不是价值连城的珍品。

做事不追求完美的人，通常难以获得成功。因为，这样的人很难集中所有精力去做好一件事，最大限度地将自己的潜能发挥出来。要想赢得成功，得到别人的认同，凡事追求尽善尽美很重要。

任何人都有能力把握自己的命运，只要肯努力养成良好的习惯，就能看到成功的希望曙光。不要在乎他人的看法，坚定自己的信念，一旦开始，就要竭尽所能做到最好。

如何成为一个伟大的人？其中一个途径就是竭尽所能地追求完美，忘我地投入到创造完美的过程之中。生活的热情，来自对完美的追逐。我们要客观全面地分析自己和他人，取其精华，去其糟粕，只有这样才有可能成就伟大的人生。

查尔斯·金思立说过："只有倾尽所有，投身于一生的使命之中，才能拥有最崇高的人生目标，锻造出最勇敢坚韧的品格以及最强大无敌的自制力，最终圆满完成自己的使命。"

科尔顿说："人的一生若是仅余一项追求，那便是人类最崇高的追求——对美德的追求。"爱默生也说："美德的力量到底有多大，完全不可估量，但其价值一定在人类所有的追求中占据着最重要的位置。"

无论做什么事情，都应追求完美，切忌敷衍塞责，否则只会遭人鄙弃。在这个社会中，只有那些勤奋踏实、工作细心的人方能在竞争中占据有利地位。凡事只懂得敷衍的人在社会中会处处碰壁，当他们走投无路时，没有人会对他们伸出援手，因为连他们自己都不帮助自己，如何能奢望别人的帮助？即便别人肯帮，也不过是徒劳无益。

有一个大型机构的建筑上写着这样一句话："这里是一个要求完美的地方。"其实，我们每个人都应以此为标准要求自己，凡事力求完美，做到这一点会使我们的生活取得显著的进步。

因松懈懒散、玩忽职守而导致的重大事故在历史上不计其数。发生在宾夕法尼亚州奥斯汀镇的海水决堤事故就是一个典型的例子。这一事故造成无数的伤亡及财产损失，究其原因，正是因为施工方在打地基的时候马虎敷衍，不按原计划施工。这种悲剧在我们广袤的土地上发生过多次，并且还将继续下去。我们只有将一切工作都做到尽善尽美，才能避免再发生类似的悲剧。这种处世态度不仅仅可以避免悲剧的发生，也能使我们的品格得到升华。它促使我们在做事时坚持不懈、勇往直前，尽全力追求完美，做到有始有终。

在追求成功的道路上，一往无前、力求完美的决心是不可或缺的。那些时代的先驱者、我们生活的楷模都是这样的人。这些人都胸怀大志，做事力求完美，他们在自己取得成功的同时，也造福人类，为社会作出了贡献。

很多年轻人对待工作缺乏追求完美的决心，他们做事时马虎大意、随随便便，最终导致了自己的失败。所以有人说，松懈和轻率往往会造成最大的损失。

位于华盛顿的国家工商管理局有很多无人问津的专利，并且每天都在增加。这正是由于发明家做事太马虎，发明出的东西没有实用价值导致的。这种发明既浪费了他们宝贵的时间，也浪费了他们的天赋，真的非常可惜。凡事应尽力做到完美，不能故步自封，满足于勉强通过的程度。如果这些发明家能抱着力求完美的心态，更加努力地去钻研的话，就不会出现这种白费力气的事情了。

很多一心渴望升迁的人却不明白获得升迁的诀窍。只有那些对待工作认真负责、尽力追求完美的人才有可能得到领导的赏识，从而获得升迁。

陶瓷工匠伟奇·伍德非常热爱自己的工作，他不能容忍自己的作品有一点瑕疵。如果对一件作品不满意，他便会将其打碎，重新再做一件。即使顾客已经很满意了，他仍然会从作品中找出不足之处，随即改正。这种在艺术上精益求精、追求完美的精神，最终使得伟奇·伍德的陶瓷作品成为传世精品。

只有对自己的工作认真负责，在工作的细节中努力追求完美，才能得到升职加薪的机会。要想将一件事做成功，一定要有必胜的信念和对完美细节的追求。所有成功人士无不如此，正是这种信念与追求令他们一直走在时代的前端，引领时代潮流，将自身树立成为所有人的成功典范。他们在确定了自己的人生目标之后，便终生奋斗在追求完美的道路上，不达目的誓不罢休。最终，他们取得了伟大的成就，并造福于整个人类社会。对完美不屈不挠的追求，最终将缔造完美的生活。在这样的生活中，到处充满灿烂的阳光。

很多人习惯于高估自己，因为觉得平凡的工作岗位无法发挥自己的才能，所以宁可不做，殊不知许多难得的机遇就隐藏在这些平凡的工作岗位之中。无论你的工作职位多么卑微，只要努力将自己的潜能发挥出来，将本职工作做到完美的极限，终有一日，你会取得傲人的成就。

一个惯于敷衍塞责的人，永远都无法成就自己的事业。而且，这种潦草的工作态度在成为习惯以后，会使一个人沦落为所有人鄙弃的对象，使他陷入自甘堕落的沼泽，再难脱身。很多人对自己的工作敷衍潦草，理由便是时间不足。然而，只要用心，任何人在做任何事之前都能够找到充分的准备时间，并在这样的前提下，将这件事做到完美。追求完美的习惯会给我们带来无尽的成就感与满足感。成功人士总是习惯追求完美，不管他们身处何种职位，都将竭尽所能，完美地完成任何一项工作。

我们在做完每件事后，都要持有这样的心态："在做这件事的过程中，我已毫无保留地倾注所有。可是为了让它更加完美，我希望听到他人批评的声音，给我不断改进的意见。"

>>> 想要成功,应避免拖拖拉拉

做事拖拉的恶习对人们的影响同样不可小觑。现实生活中经常会有很多意外事件发生,我们要想有足够的时间和精力去应对它们,就必须先抓紧时间做好手头的事情。做事三心二意,敷衍塞责,唯一的结局便是失败。很多失败者将自己失败的原因归咎于时运不济,殊不知真正的原因在于他们自身。有些失败者永远精神萎靡,有些失败者永远找不到奋斗的方向,有些失败者则永远浅尝辄止,半途而废。一个人若终日精神倦怠,做任何事都习惯拖拖拉拉,便会对他塑造良好的品格造成极大的障碍。长此以往,他的精神世界将陷入泥泞沼泽,无法自拔。

一名记者曾到监狱对其中的犯人进行过一项调查,结果发现,很多犯人之所以会沦落到今天的地步,是因为他们有一个共同的缺陷:做事拖拖拉拉。一个做事追求完美的人,不管什么事都会尽心尽力做到最好。如此一来,他便不会有太多多余的精力去考虑其他。反观那些做事习惯拖拖拉拉的人，工作对他们而言是能拖就拖。在大多数时间，他们都无所事事，因而更容易染上恶习，甚至走上犯罪的不归路。

鞋匠赛缪尔·德鲁每天白天都忙着跟人讨论时政，到了晚上才开始工作。一天，他的店门前跑来一个男孩，大声嚷道："鞋匠鞋匠，白天不做事，夜里忙得慌！"有人问赛缪尔·德鲁说："那个孩子这样调侃你，你难道不想揍他一顿吗？""我感谢他还来不及，怎么会揍他呢？他说的确实是事实啊！一语惊醒梦中人，我决定以后再也不拖拖拉拉，等到晚上才开始工作了！"他说到做到，从此白天专心工作，再也不跟人讨论什么时政了。一份付出，一份收获，他店铺里的生意一天比一天好起来。

所有想要成功的人，都应避免做事拖拖拉拉。有这种恶习的人，往往从很小的时候就开始对所有事采取敷衍的态度。无论是读书还是考试，都是敷衍了事。等到他们糊里糊涂毕了业，找到工作后，这种恶习仍在继续发挥作用，以致他们的工作漏洞百出，毫无条理，一塌糊涂。功成名就对这样的人而言，几乎没有实现的可能。

当心你身边那些做事拖拖拉拉的人，因为他的这个缺陷极有可能会传染给你。生活对于那些做事拖拉的人而言，就好比一团永远理不清的毛线。他们永远不记得自己把东西放到了什么地方，永远都在需要时抓狂。这种恶习，很多时候连他们自己都受不了。假如这样的人身居高位，便难免会对其管理的员工造成严重影响，在公司内部形成凡事拖延的恶劣风气，对整个公司的发展造成不可估量的损失。因此，我们必须要提高警惕，小心提防，切忌不可让小缺陷影响到全局。

>>> 节俭能积累自立的资本

　　节俭就是让我们一生所拥有的资源得到合理、有效的运用，让其发挥出最大的功用。节俭包含的范围很广，既包含了金钱，也包含了精力。我们要养成谨小慎微的生活习惯，才能够对自己的金钱和精力进行正确的管理。

　　节俭是一种美德。它可以改变一个人，甚至一个民族的命运。人类所创造的文明，没有一样能够离得开节俭这个美德。

　　罗瑟波利勋爵曾经这样说道："节俭是涵盖一切的原则，对于这样一个原则，每一个帝国都应该无条件地遵循。伟大的罗马帝国就是一个很好的例子。当年它是世界的主宰，任何一个国家都无法与它抗衡，但是它最终还是覆灭了。这是为什么呢？因为奢侈浪费之风在整个国家蔓延开来。普鲁士也是一个很好的例子。它原本只是北欧的一块沙滩，面积非常狭小，可是，在弗雷德里克大帝的推动之下，整个国家的百姓都养成了节俭的习惯。因此，这个国家发展得非常之快，很快就建立起了非常强大的武装部队，并打造出了非常先进的武器。最终，它成为了非常强大的国家。此外，这个道理在法兰西帝国身上也得到了很好的体现。法国人喜不喜欢储蓄，我不太清楚，可是在1870年，当法国被迫签订不平等条约，整个国家陷入困境之时，法国人民立即拿出自己的全部积蓄，偿还了所有的战争赔款。在以上三个事例中，罗马帝国之所以会覆灭，很大程度上是因为不懂得节俭所致；普鲁士之所以能够强大起来，很大程度上是因为那里的人民都懂得节俭；而法兰西因为节俭摆脱了厄运。"从上面这段话中，我们可以看出，对一个国家来说，节俭是何其重要。大体说来，节俭造就强大的国家，不节俭会毁灭强大的国家。

节俭这种美德对一个人来说非常重要。它既可以让人积攒起财富，还可以促进人们品格的不断提高，养成优秀的品德。要想成就一番大事业，必然缺不了节俭这个美德。养成节俭这个美德之后，一个人的能力就可以得到最大限度的发挥。它既能够让我们放弃不必要的欲望，也能够让我们的自我控制能力得到增强。养成节俭的美德之后，我们就可以成为自己命运的主宰。

那些节俭的人，必然不是懒惰的人。他们无论做什么事，都有自己的主见，不会受到外界因素的干扰。他们无论什么时候都非常努力，不会轻易放弃每一个机会。而且，节俭的人比那些浪费成性的人要诚实得多。

节俭是成功的重要因素，具有这个品质的人，必然能够取得成功。节俭的人在做一件事之前，总是会深思熟虑，制订出非常完善的计划。他们做起事来雷厉风行，从来不会拖拖拉拉。

如果养成了节俭的美德，那么你就会成为自己命运的主宰。养成了节俭的美德之后，像独立自主、小心翼翼、未雨绸缪等优良品质就会出现在你的身上。也就是说，只要你养成了节俭这个美德，你就将成为一个与众不同的人，因为你不会像过去那样浑浑噩噩地生活，而是目标坚定地生活，而且你也将会变得非常聪明，办事能力也将得到提升。

一位非常有名的作家在谈到节俭时如是说道："只有从现在开始厉行节俭，你才能够养成节俭的好习惯。而且，这是养成节俭这个好习惯的唯一途径。其实，节俭并不像一般人想象的那样困难。它既不需要超出常人的智慧，也不需要超乎寻常的勇气，只要你具有足够的生活常识，能够克服享乐和自私等欲望，那么你就能够养成节俭这个好习惯。节俭对于那些能够克制住自我的人来说,是非常轻松的一件事。养成了这个良好的习惯之后,他们也就非常乐意在生活中厉行节俭,因为他们将从中获得更多的东西。只要有足够的决心和信心,以及克制自己的能力,那么将会非常轻松地养成节俭这个好习惯。"

我们必须学会节俭,这样才能为我们创业提供充足的资本,才能使我们拥有很多财富。把节俭与吝啬混为一谈是完全错误的做法。吝啬是指连该用的地方也舍不得用,而节俭是指只用在该用的地方,不该用的地方坚决不用。所以,节俭是合理安排自己的开销,而吝啬则是不合理的。

那些奢侈浪费之人在遭遇变故后,不仅自己的生活会变得艰难,还会连累到他周围的人。这种人攀比成风,在将自己的钱花光后,不惜借钱来维持自己的排场。所以他们一旦失业、得病,或者遭遇其他变故,就会把周围的人和自己都害得很惨。他们只要在生活中稍微节俭些,就可攒下一笔积蓄用以应对这种突发变故。

人们对于节俭的认识各有不同。英国杰出作家罗斯金曾说:"人们通常把节俭看做是单纯的省钱,其实真正的节俭在于如何合理地用钱。用在最合适之处,使我们所花的钱得到最大的回报。"

节俭能为我们积累自立的资本，而积蓄则是我们取得成功的资本。属于自己的一纸存折带给我们的力量，比亲朋好友的帮助及鼓励要大得多。对此，托马斯·利普顿爵士这样说道："很多人向我询问取得成功的秘诀，其实成功的诀窍就在于节俭，大多数成功人士都有存钱的好习惯。"养成节俭的生活方式可以帮助我们更好地立足于社会。拥有积蓄会给人带来满足感，从而减少了年轻人学坏的机会。

著名商人约翰·阿斯特认为存钱非常有必要，因为他如今所取得的成就，正是来源于他最初攒下的1000美元启动资金。虽然他起初积累100美元比如今赚1万美元还困难，但正是因为这一艰难的资本积累过程，他如今才能取得成功。很多人不懂得合理规划自己的开销，只能很可惜地浪费掉好多钱，如果他们能有计划地消费的话，应该能拥有大笔积蓄。所以，为了使我们辛苦挣来的钱不白白流失，每个有志青年都应有一个账本，清点所有开支，根据自己的收入制订合理的开支计划。如果你能坚持记录所有的开支，然后通过核算自己所有的支出找出不合理的开支，久而久之，你的奢侈浪费的坏毛病一定可以根除。

农村的孩子往往比城里的孩子要生活俭朴得多。因为城市里充满各种物质上的诱惑，而在农村这种诱惑要少得多，并且环境单纯，造就了农村孩子淡泊名利的优点。因此，物质世界很难对他们产生诱惑。他们具有节俭和存钱的好习惯，因为他们懂得挣钱的艰辛。他们不会挥霍钱财来博取他人的开心。农村的父母总是教育子女要努力地一分一分地攒钱。而他们也的确是这样不断积累财富，然后用它作为资本赚取更多的财富，最终取得辉煌的成就。

钱放在身上的话，我们总会忍不住想把它用掉。为了防止这种事情发生，我们最好把钱存到银行里。虽然这会给我们用钱带来麻烦，但却能有效地帮助我们节制自己的欲望。因此，一个很好的攒钱方法就是把钱存到银行里。而存到那些离家远的银行效果更好，这会使你在想用钱时下意识地权衡利弊，思考这一开销是否值得自己费力去取钱。

富兰克林曾这样勉励年轻人："最能帮助你积累财富的朋友有四个，分别是忠信、诚实、勤劳、刻苦。而多挣钱、少花钱则是致富的唯一途径。握紧手中的每一分钱，一点都不浪费，这可以帮助我们避免过饥寒交迫的生活。"

我们应清楚节俭的重要性，明白万物皆有其存在的价值，不可以随意浪费。然而很多年轻人不仅不能认识到这一点，反而毫无理由地认定节俭会有损自身的体面。可是他们没有考虑到，把钱财挥霍一空对自己没有任何好处，最后只会让自己连温饱都无法解决。

理智之人都不会甘心永远屈居人下，不愿意被人苦苦追债，或因为债务问题而遭受牢狱之灾。而我们只有养成节俭及储蓄的好习惯，才能避免这种悲剧的发生。

节俭是一种能令人受用终生的财富，这种财富是那些奢侈浪费、不懂储蓄之人所享受不到的。与这样的人交往会使你渐渐变得意志消沉、毫无斗志、精力衰竭，这对我们非常不利，所以我们应该对这些人敬而远之。

合理理财是比挣钱更困难的一件事，这其中是大有玄机的，我们既不能显得吝啬，但同时又得生活简朴。我们应大力提倡一切节俭行为，尤其是在当今都市生活越来越奢侈浪费的情形下。每个人都应在生活及社交中量力而行、合理消费，我们要想避免负债的结局，就必须养成合理的生活方式。

我最近听到一位年轻人吹嘘自己收入高，但他总是全部花光，甚至还会在周末时欠下外债。在谈论自己的梦想时，他说要成为同事中最杰出的人物，当上社区代表，住豪宅，并成就一番事业。而以他的生活习惯来说，这些都是绝对不可能的。

每个人都应有忧患意识。大街上那些连温饱都无法解决的老人，他们之所以会沦落到这种地步，很可能是由于年轻时不懂得节俭，不懂得为自己的未来积累一些储蓄。因此，我想劝说那些盲目自信的年轻人养成忧患意识。虽然你们现在看起来生活无忧无虑，每周都有充裕的收入，但疾病以及突发意外会随时令你陷入困境。例如瘟疫、火灾及战争等，会给你带来重大的损失。这时，储蓄的好习惯能给你提供巨大的帮助。

如果每个人都能在年轻时严格养成节俭、储蓄的好习惯，又怎会有那么多孤苦无依的老人存在呢？又怎会有那么多人负债累累，过着卑微的生活呢？他们每日为了债务而四处奔波，严重损伤了自己的健康，过早地呈现老态。

那些才刚到中年就已经入不敷出、无家可归的人，是这个世界上最可怜的人。许多人之所以一事无成，正是由于父母没有在他们小的时候向他们灌输勤俭节约的思想。造成这种结果，令他们年老的父母愧疚不已。

如果我们不能合理地安排自己的消费的话，将很难拥有幸福、独立的生活。生活成本的高低是取决于我们自身的消费观念的。很多人一味追求高消费，这些人再辛勤付出也逃脱不了无家可归、穷困潦倒的悲惨境遇。

节俭是指合理理财、量入为出，而不是要做到吝啬的地步。出色的妻子总能在短期内攒下可观的积蓄。因为她们持家有道，总能根据收入合理安排支出，并将节约下的钱储蓄起来。

那些看到什么好东西都想买下来的人，他们自己都痛恨自己这种花钱大手大脚的行为，因为这些钱原本是可以成为自己的一笔积蓄的。这笔积蓄足够他们在经济上保持独立，晚年生活将毫无顾虑，并且也可以用来买房子，从此过上幸福生活。但他们总在花完所有的钱后才悔不当初，这是毫无用处的。

生活中有许多人不懂得节制欲望，为将来的幸福生活做好准备工作。他们为了满足自己的欲望及乐趣，可以花光自己所有的钱财，甚至借债也在所不惜。这样的人怎么可能会取得成功呢？

不要以为灾难都是只发生在电影中的场景，生活中我们往往会遭遇一些意想不到的灾难，例如生意破产或者家庭遭遇不测。这时，银行及保险公司的巨大作用就凸显出来了。我们购买了保险后，就等于为自己的生活找到了依靠。保险使得破产的商人能够保住自己的房子，并获得重新来过的机会，使得遭遇不测的家庭又重获希望。

曾有人夸张地描述法国及美国家庭主妇的差别，说前者可以用后者扔掉的东西养活全家。后者奢侈浪费的行为经常遭到舆论的抨击，并且有越来越严重的趋势。对于这一现象，一位伟大的经济学家曾进行过详细的调查，他说："美国全年因做的菜不满意而倒掉，因此浪费的钱就高达100亿美元，这个数额还算是低的，其他方面的浪费更严重。"

很多穷人其实比富人更浪费，但他们自己往往意识不到这一点。法国的家庭妇女会通过高超的厨艺将廉价的蔬菜做成美味佳肴，而很多家境一般的美国妇女在买菜时却完全没有节俭意识。并且不只是买菜，她们在很多其他方面都是如此。

总之，节约是一门伟大的学问，各位尊贵的女士及亲爱的先生，你们已经在学了吗？

第五章

没有专注力，不可能做出伟大的成绩

每个想做出成绩的人,都是在努力地工作和学习。但是获得伟大成绩的人只是极少数,这是为什么呢?其实不管一个人用了多少时间去做事情,如果没有专注力,就没有工作效率;如果一个人做事总是心不在焉,就会疏忽细节,从而"千里之堤溃于蚁穴",酿成大的灾难,导致失败。

>>> 能否成功，取决于学习的态度和效率

任何事都具备同一法则，那就是"逆水行舟，不进则退"。我们要想取得更多的发展，就必须接受更大的挑战。一名成功的商人需要具备很高的综合素质。他们不仅要见多识广、能力突出，还要有很好的管理才能。虽然这个要求极高，但幸好现在的青年踏入社会时年纪尚轻，还有时间在摸索中不断成长。

婴儿在刚开始学习走路时，妈妈往往会在他们面前摆放一些玩具，引诱他们朝玩具一步一步走过去，通过这种途径让他们逐渐学会走路。跟这些用心良苦的妈妈们一样，大自然也在不断鼓励人类迈出前进的步伐，人类社会发展进步的源泉就在于此。

人的一生都需要劳动，无论是体力劳动还是脑力劳动，都会对社会发展作出贡献。人类的教育并非终结在学业完成之时，社会才是最综合、最全面的学校。我们在进入社会之后，

会经历很多，同时也将学习到很多知识，在这个过程中逐渐让自己适应社会，成长为一个真正的社会人。

所有成就显赫的人都是从普通人成长起来的，没有人能一蹴而就。著名的艺术家普桑，起初不过是在大街上画路牌的无名小卒。杰出的雕刻家尚特里，曾以送奶为生。而伟大的莎士比亚，曾在剧院门口负责牵马。

一个世纪以前，商人还被人瞧不起；如今，商业的地位随着文明的进步而逐渐提高，已经成为各行业中的第一位，是人们关注的焦点，地位已同过去有天壤之别。商业具有强大的力量，但商人们却总显得卑微又没有风度。这种现象在一切事物都趋于商品化的当今社会，显得有些格格不入。

知识渊博、经验丰富的人经商，要比无所作为、不学无术的人更容易成功。准备经商之人应该多多积累经验，做好充分准备。做任何事均如此，我们要想做好，必须先充分了解事物的本质。所以，年轻人不要急于求成，经验和学识积累到一定程度后，晋升的机会自会来临。一位杰出的商界领袖说得好："俗话说，有利于工作就是有利于自己。我们的高层管理人员都是一步步从基层成长起来的，他们正是由于出色地完成了工作才会得到提升。如果一个员工能在工作中时刻以这句话激励自己，他会学到很多东西。对于通过我们的职业测试并且工作努力的员工，我们会充分地回报他。"

做事不认真并且不好好学习的人很可能会失败。我们也可以看到，许多受过高等教育、身体强壮的人通过职介中心找工作。他们之所以会丢掉饭碗，不是因为他们没有上升的余地，而是由于他们自己不思进取，结果被别人取代。

爱学习的人无论身处何地都能有所收获。西班牙有句谚语说得好："心不在焉的人即使横穿森林也不会看到一棵树。"的确，心不在焉的人不会留意周围的事情，他们一心都在自己的事情上。而好学之人在做好自己的事的同时，也能留心他人的举动，并从中学习他人的优点。

我有一位律师朋友，最初在一家律师事务所供职。三年里，因为待人热心并且勤奋好学而掌握了事务所的所有相关知识，同时他在工作之余通过自学拿到法学博士学位。虽然他在那三年中没有升职，却为日后的成功积累了财富。现在他不仅拥有自己的律师事务所，在其他方面也极为成功。我还认识一些其他的律师朋友，他们尽管毕业于名校或者资格很老，却始终在律师事务所做着平庸的工作，赚取微薄的薪水。因为他们不善于为自己充电。这两种情形一对比便可看出谁更优秀。

我认识一个有很多优点的年轻人。他老实忠厚、勤奋热心、诚恳守时，到头来仍然毫无所成。因为他的学习方式太被动，并且反应迟钝，不懂得更新自己的经验与见解。

社会是一所大学校，任何人只要努力都能从中学到知识。我曾经聘请过几位年轻的助理。其中有几个善于学习并注意积累经验，这种良好的学习态度使他们后来收获颇丰。而另外几个人却不懂得学习的重要性，他们得过且过地混了两年后没一点收获。

每个人都希望在工作中表现突出，但为什么会总有种力不从心的感觉呢？造成这种情况的最重要的一个原因是，我们在平常没有刻意地去观察、研究周遭事物，并从中学到知识。而明智之人会利用一切机会来提高自身能力，他们观察研究所有接触到的重要事物，以此来锻炼自己。

赚钱并不是工作的唯一乐趣。在工作中学习与人相处之道、做事技巧，这也是工作的一大乐趣，这种乐趣能减轻工作的疲劳。我们应该在日常仔细观察，小事也有其可供借鉴的地方，任何人都有其可学之处。对比他们成功的经验来改进自我，我们会变得强大而富有魅力。

最好的学习时间是晚上，明智之人都会利用这个时间来学习。因为他们清楚，成功离不开知识的积累，必须通过学习来积累这最宝贵的财富。他们会总结一天的收获，反省自己的过失，并安排好第二天的事情。这种方式的收效要远大于白天工作的效果。

很多人总抱怨自己薪水低、运气差，觉得自己怀才不遇，这完全是一种错误的观念。社会是一所大学校，只要我们用心求索，总能从中学得知识、获得经验。成功需要靠自己的双手去创造，你能否成功，取决于你现在的学习态度和学习效率。

>>> 不要拖延，否则理想永远无法实现

人生充满美丽的梦想，我们能在其中感受到生活的价值，并由此产生勇敢追求梦想的斗志。要想成功，首先要确定自己的理想。然而，只有理想是不行的，采取什么样的行动实现理想才是最关键的。在这种时候，千万不要拖延时间，应当马上展开行动，否则理想便将永无实现之日。

直截了当、雷厉风行是大部分精明能干之人共有的优点。他们十分珍惜时间，一秒都不允许浪费在无聊的事情上，因为这是他们眼中最宝贵的财富。很多人之所以失败，正是输在做事拖拖拉拉、延误时间上。这些人在面对机遇的时候总是反复考虑、犹豫不决，因此错失了许多有利商机。

对待工作直截了当、雷厉风行，这一点在法庭上尤其重要。很多有发展潜力的律师正是输在无法快速、明白地表述自己的观点。围绕案件最核心问题的辩论是决定这一案件胜败的关键，美国联邦最高法院的一位法官如是说。很多律师在法庭

上废话连篇、列举无数事实来论证自己的观点，以此彰显案件的重要性，结果却使法官及陪审员听得晕头转向。并且，这样做也给了对方更多机会从其话语中挑毛病。法庭上的时间分分秒秒都很珍贵，不能因说废话而浪费掉。在证据充分的情况下，最好的辩护方法是将它简洁明了地阐述出来。

一个人若想取得成功，除了要头脑聪明、学识渊博、能力过人，还必须做事干脆利落。做事不干脆利落的人是难以取得成功的，因为他们不知道自身的需求，也辨认不出事情的关键所在。

对此，面临就业问题的毕业生必须注意。很多人正是因为在选择工作时反复考虑、无法决断而错失了机会，这真的很可惜。他们中有些人家境殷实，父母对其期望很高，这份期望反而使他们在面临抉择时小心谨慎，最后只能遗憾地错失良机。压力太大会使人变得优柔寡断，拖来拖去也无法作出决定。所以，父母切忌给孩子施加太大压力。

不管做什么事，均需投入极大的热情才能将其做好。当一个念头刚刚在脑海中成型时，我们的热情是最高涨的。这时便需要抓紧时机，雷厉风行地采取行动。如若不然，热情便会很快冷却下去，失去了最初的动力与激情。做事拖延意味着自信心的严重匮乏和毫无节制的小心谨慎，人们的热情与创新能力将在拖延的过程中耗光，最终一事无成。

世事无常，人们成功的机会就如流星一般，如果没有及时将它抓在手中，一转眼便会失去了，到时候再后悔都已来不及。所有想要成功的人都应规划好自己的人生目标，并且雷厉风行地采取行动。只想不做是对人们精力的巨大浪费，并会严重挫伤人们的进取心。

抓住脑海中转瞬即逝的灵感对作家而言尤其重要。有经验的作家为了随时记录灵感，总是随身携带一支笔。若是在灵感到来之际，未能及时将其记录下来，对作家而言可是一笔不小的损失。

灵感对艺术家来说，也至关重要。灵感来临之际，就好比闪电骤然降临，将艺术家的生命照耀得一片光明。在灵感到来时着手创作，必将事半功倍。但这名艺术家如果办事拖拉，在灵感出现时迟迟不愿付诸行动，等到灵感消失后，就很难再捕捉到灵感的蛛丝马迹，想要借此创作出优秀的作品更成了不可能的事。

转瞬即逝是灵感的天性，对此我们无计可施，唯一能做的就是在灵感消失之前抓紧行动。

希腊神话中，爱神丘比特脑海中瞬间的灵感造就了智慧女神雅典娜。雅典娜一出生就具备了美貌与智慧，堪称完美。事实上，雅典娜存在于每个人的头脑中。我们应当抓住头脑中转瞬即逝的好点子，并立即将其付诸行动。因为它在这个瞬间成功的可能性最大，这与刚出生的雅典娜是一个道理。随着时间的流逝，再完美的灵感也会褪色变质，失去了一切价值。因而，如果在理想产生的瞬间没有采取行动，以后便更难有付诸行动的动力。

拖延时间是人们普遍存在的恶习。当遇到问题时，习惯拖拖拉拉，从来不会马上采取行动解决，这种人是生活的弱者，他们欠缺成功者必备的坚定意志，所以失败便成为了他们的必然结局。

今天的任务就要今天完成，不要总是拖延到明天。明日复明日，明日何其多？更何况，谁又能知道明天会出现什么意外状况，是否还有机会做完今天未竟之事？我们应当提前做好工作计划，控制好每天的工作进程。要掌控自己的命运，争取最后的成功，就必须要做到今日事今日毕，无论如何都不能拖延时间。

拖延会造成人们精力的浪费。与其将精力浪费在拖拖拉拉、迟迟疑疑的过程中，不如马上投身工作，将今天的任务完成，避免拖延到明天。任何工作都是越拖越糟。因为在最初我们对工作的热情还处在高涨的阶段，这种热情能使我们在艰苦的工作中挖掘到无穷的乐趣。随着时间的推移，热情一天天冷却下去，到了那时便很难再全身心投入工作，将其做到尽善尽美了。

>>> 成功只会对注重细节的人青睐有加

詹姆士·瓦特坐在角落里,凝神注视着窗外高高矗立的烟囱,他的心早跟着烟囱里涌出的浓烟飘去了未知的高空。在这个世界上,能量无处不在。瓦特还是个孩子的时候,就坚信这一点。后来,他发明了蒸汽机。蒸汽机能够利用蒸汽产生强大的动力,让轮船、火车等各种各样的机器运转起来,将人类带入了崭新的蒸汽机时代,拉开了第一次工业革命的序幕。

大多数人的生命中并没有轰轰烈烈的伟大事件发生,但是,这就是真正的生活,平淡而沉静。

有句话叫做细节决定成败。成功者绝不会忽视任何一处小细节。辛苦创立的事业,有可能就毁在一个毫不起眼的缺陷之中,例如逃避责任、品行不端、不够勇敢,等等,皆可让你的事业毁于一旦。在这种情况下,无论身份尊卑,都将得到同等对待。有时候,成功只会对注重细节的人青睐有加。

伟大的科学家海姆霍兹总是将自己在科学上取得的成就归

功于一场病。那时候，病中的他没法出门，于是买了一个天文望远镜解闷。就是这个价格低廉的望远镜，引发了他对科学的兴趣，最终成为了一名伟大的科学家。

下面这个故事发生在数十年前。一天，苏格兰北部的一家旅馆来了一位客人要求投宿。就在这一天，邮递员送了一封信过来。老板娘接过信，瞧了一眼信封，又将信交回邮递员手中。虽然，那时候邮费只有两先令，但老板娘还是以没钱交邮费为由，要求邮递员将信退回去。好心的客人见到这一幕，便要帮老板娘支付这笔邮费。但老板娘却在邮递员离开后，悄悄告诉客人说，写信人是自己的弟弟，他们事先约定，如果最近生活安好，就在信封上做个记号，不必再看信的内容，以节省邮费。这位客人名叫洛兰德·西尔，是一名国会议员，颇有声望。就是这样一桩小事却让他发现了隐藏在背后的大问题：现在的邮费虽然不高，但穷困的百姓依然难以承担。从旅馆离开后，他很快便向国会提出降低现有邮费的申请，并获得了批准。

睿智的所罗门王曾说过："所有大事件都是自微不足道的小事开始的。1005年，波罗尼亚的一块殖民地上，出现了几名来自摩德纳的士兵。一场大战就因这么一件小事而爆发，十几年间战火连绵，损失惨重。"

举世皆知的克里米亚战争也同样起因于一件小事。当时，在耶路撒冷圣墓中，一只神龛被土耳其强占，他们锁起神龛，并将钥匙藏了起来。对此，希腊教会提出严正抗议，双方矛盾不断激化，最终爆发了一场大战。作为希腊的盟国，俄国也加入到这场战争中来，其后是法国、英国，局势无比混乱。对参战各国的百姓来说，这场战争无疑是一场浩劫。

法国曾有一个王朝因饮酒覆灭。当时的国王叫路易，他的儿子奥尔良公爵在跟朋友聚会时多喝了几杯酒。聚会散场后，为他拉车的马受惊失控，将他甩出车子。由于当时他喝得酩酊大醉，完全没有意识到如何保护自己，在落到地上时头部首先着地，并因此丧命。这件事过后，他的家族很快便没落下去，家人们也全被放逐。

格兰特将军说，一天，妈妈吩咐他出去借黄油，他在中途听说西点军校招生，急急忙忙就跑去报名，结果把妈妈的吩咐忘得一干二净。他的一生因为这个微小的决定而发生彻底转变。他在西点军校受到严格的军事训练，后来又立下赫赫战功，还当选为总统。他说，自己所取得的一切成就，起因只是家里没有了黄油。

在芝加哥，有一个不幸的男孩，在削苹果时不慎划破了手，并引发破伤风，仅仅过了10天就去世了。在费城，有一个人下床时不小心踩到了钉子，脚心被刺透。只过了一周，他便因此丢了性命。足以令人致命的血液中毒有无数起因，手指被纸划伤、咬指甲等都有可能导致毒素进入伤口，致人死命。

纽约有个人，眼睛里进了一粒尘。起初他没有在意，也未作任何处理。过了一段时间，他的脸因此肿胀起来。到这时，他才开始重视这件事，无奈已经太迟，那只进了尘的眼睛已经保不住了。一个星期后，他便因此命丧黄泉。

一名英格兰人，年纪不大，却已经开始长白头发。这件事惹得他的未婚妻很不高兴，他于是叫她帮忙拔掉这些白头发。令人意想不到的是，此举竟然导致他头皮发炎，情况不断恶化，连医生都束手无策，很快他就过世了。

防洪大堤的维护在新奥尔良显得至关重要，因为密西西比河在流经这座城市时，河两岸的海拔要低于海平面5~15米。在汛期，若河岸的防洪大坝出了什么状况，后果将不堪设想。1883年的5月份，防洪大堤上裂开了一条细缝。这个起初只需要几袋泥沙就可以解决的小隐患，由于无人理会，在几个小时以后，终于演变成了大麻烦。裂缝扩张，洪水奔涌，一切已成定局，不管用什么法子都无法挽回了。

有一回，伽诺瓦打算为拿破仑创作一座雕像。为此，他特意从帕罗斯岛高价买来一块大理石，并长途跋涉运回来。但在做准备工作时，他却意外地在大理石的纹理中发现了一条并不起眼的红色线条。就是这小小的一处瑕疵，令雕塑家当即决定放弃使用这块大理石。对伟大的艺术家而言，作品中任何一处不完美都是不能被容忍的。

在生活中，很多细节看似不起眼，实则事关重大。列车员的手表暂停两分钟，便有可能导致一场严重的列车相撞事故，无数家庭会因为这短暂的两分钟而被摧毁。因此，成大事者，绝不能忽视细节。

美国有一项规定：法律文件在邮寄时，邮费必须全部预付。一次，一名在百老汇打杂的年轻人，在给被告律师寄信时，不慎少贴了两美分邮票。被告律师因此以文件送达不及时为由入禀法庭，将原告推到了极其不利的地位。究其原因，只因为那小小的两美分。

《橄榄球学校》这本书吸引了无数小读者。书里描述了这样一个故事："在一所橄榄球学校中，有个叫乔治·约瑟的男孩，他的身体本就单薄，混在一帮强壮的同学之中，更显得弱不禁风。有一天训练结束后，他跟同学汤姆返回寝室。到了该就寝的时间，同学们仍在喧哗打闹，没有一个肯静下心来作祷告。刚来没多久的乔治·约瑟尚且不能适应这种氛围，汤姆告诉他，他可以自己作祷告。约瑟于是跪下来，旁若无人地祷告起来。这一幕情景与周围喧嚷的气氛格格不入，一个同学见状，便恶作剧地朝约瑟扔出了一只鞋。汤姆见状，将自己的鞋狠狠扔向了那个同学。这件事过后，欺侮约瑟的事件再也没有发生过。"如果汤姆不做出这一小小的举动，不知道约瑟什么时候才能不被欺负。

狄更斯的《一年到头》中有这样一段话："什么样的人才是天才？注重细节的人。音乐家亨德尔的一支名曲，灵感来自铁匠打铁的声音。荷兰一个眼镜制造商的孩子们，偶然发现透过两片重叠的镜片，远处的教堂就神奇地移近了。他们好奇地问父亲原因，父亲不明所以，便去请教伽利略。伽利略受此启发，发明出了世界上第一架天文望远镜。"

一次，雕塑家伽诺瓦在工作时，一个人在旁边好奇地驻足观看。他见到雕塑家一直不紧不慢地做着细小的雕琢工作，不禁觉得雕塑家有些心不在焉，根本没有全情投入。雕塑家于是说道："只有这样精雕细琢才能造就伟大的作品，若是缺少了这些细节，我的作品与那些毫无艺术价值的赝品又有何异？"

失败者并非完全一无是处，事实上，他们之中的很多人之所以错失成功的良机，只是因为自身很小的缺陷。如果对他们进行全方面评估，你会发现他们其实有不少长处。然而，缺陷再小都足以致命。因为，虽然这些细节问题看起来微不足道，但如果不加重视的话，很可能会为日后的成功之路埋下隐患。

要成就一番事业，必须要在着眼大局之余，重视细节。伟大的爆发来自长期微小的累积。一步登天，一鸣惊人，只是一种空想。

研究任何问题都应做到透彻，谨防一知半解的情况发生，尤其是刚踏入社会的年轻人。我们应做到对商业上的各种细节了如指掌。这样一来，即使遇到再多困难我们也可以勇敢面对，并能扫清前进中的障碍，取得最后的胜利。

>>> 如何做一个出类拔萃的员工

查尔斯·齐瓦波是一名赫赫有名的商业奇才。他出生在宾夕法尼亚州的一个小村庄里，成年后最初的职业是马夫。就是这样一个看似卑微的小角色，后来却成了美国最成功的企业家之一。他在钢铁行业成就显著，备受世人景仰。

齐瓦波成功的秘诀就在于他从不以赚钱多少衡量一份工作对自己的价值。能否最大限度地发挥自己的潜力，让自己获得更广阔的发展空间，才是他选择工作时关注的焦点。

齐瓦波的前半生非常坎坷，因为小时候家里的经济状况不好，他早早地便辍学回家了。15岁那年，他就做了马夫。又过了两年，他找到了第二份工作，每星期拿2.5美元的工资。他一面工作，一面四处寻找更好的工作机会。功夫不负有心人，他终于在钢铁大王安德鲁·卡内基创办的一家工厂里找到了一份工作，每星期的薪水也升到了7美元。他十分珍惜这份得来不易的工作机会，竭尽全力发挥出自己的无限潜能。

他将卡耐基视为自己的偶像，每天早上他都会这样鼓励自己："我一定要升到总经理的职位。为了实现这个目标，我必须每天都要勤奋地工作，创造出比自己的薪水更多的价值。只有这样，才能让老板注意到我，给我升职的机会。我需要做的是不断积攒工作经验，提升自己的能力，只要能做到这两样，赚多少钱都无所谓。"这种坚定的信念给了他强大的力量，使他全身心地投入到每天的工作中。同事们总是看到他一边忙得热火朝天，一边还满脸笑容。周围的人被他积极乐观的工作态度感染，对他的人格与能力皆赞不绝口。

他的努力让他赢得了一次又一次升职的机会，先后由普通技师升职成为工程师，继而是总工程师。26岁的时候，他升职成为经理。5年后，他终于实现了自己的目标，成为卡内基钢铁公司的总经理。39岁时，他荣升全美钢铁公司总经理。如今，他在贝兹里汉钢铁公司任总经理一职。

齐瓦波成功的原因不包括任何偶然因素。他做事踏踏实实，勤勤恳恳，高度负责。不管什么岗位，他都会竭尽所能，做到完美，在所有同事之中出类拔萃。齐瓦波用自己的经历向所有人证明：只要肯付出，肯努力，每个人都可以成功。经常有人抱怨自己的工作薪水低且机会少，根本没有大展拳脚的空间。这些人不妨学习一下齐瓦波，不管身处什么岗位，都能做到勤奋踏实、努力工作。

要想得到升职的机会，便需要将自己比同事优秀的那一面展现出来。例如，做几件别人没有能力做到的事，引起老板的注意。事实证明，一个勤奋敬业、反应灵敏的人更容易在同事中崭露头角，赢得老板的赏识，得到升职。才能才是升职的最大筹码，年资只是次要因素。

一个出色的员工必须要对自己的公司忠心耿耿。员工胳膊肘往外拐是老板的大忌，所以他们经常会对员工的忠诚度进行考核。当然，他们也十分关注员工的工作效率和办事能力，随时准备将那些懒惰无能的家伙驱逐出去。

成功者总是自觉地完成自己的工作，从来不需要别人的监督。因为只有这样，才能帮助他们赢得老板的信任，得到提拔。成功者都具备许多优秀的品格，比如勤奋努力、处事果决、意志坚定、灵活机智等。正是由于这些品格，才使得他们最终走向成功。要想在同事之中出类拔萃，就不要满足于只将手头的工作做完，而应竭尽所能地将手头的工作做到尽善尽美。此外，不要被动地等待老板开口，要在这之前就考虑到他的需要，并事先做好。老板重视的不是员工在自己面前表现如何，而是他们的整体表现如何。所以，因为老板不在就偷懒的做法是非常不可取的。

成功人士绝不会将赚钱作为自己工作的唯一目标。老板不会喜欢那些没有加班费就不加班的员工。这类对薪资斤斤计较的人，往往也不会勤奋工作，总是习惯敷衍了事。这类人纵然才能出众，也不会在事业中取得什么成就。

对于员工们的表现，老板其实都心知肚明。哪些员工做事不够勤奋，只会弄虚作假；哪些员工诚恳踏实、积极努力，老板都心里有数。在决定该提拔谁时，老板一定会选择日常表现最好的员工。

此外，对员工来说，不仅需要取得老板的重视，更需要与所有同事维持良好的关系。有的员工尽管对公司很忠心，工作起来也非常努力，但是由于缺乏交际能力和领导才能，使得自己一次次和升职的机会擦肩而过。

一个人得到升职机会，一定是有原因的。一个表现平平的员工，必然不会得到晋升。不管老板是否在身边，都能一如既往地勤奋工作的员工，才是老板心目中的理想员工。

要得到升职的机会，还需要做到：一切以公司利益为重，能竭尽所能排除万难，帮助公司实现最大利益。年轻人们一定要谨记这样一点：公司中最受重用的是能够创造最大价值的人。

综上所述，在公司中，若想升职，必须做到以下三点：第一，忠心耿耿，诚实可靠；第二，勤奋努力，踏实工作，与同事保持良好的关系；第三，将薪资置于次要位置，一切以公司大局为重。

一个凡事被动，不管什么行动都要听从他人指挥的人，很难将自己的才能释放出来。时间长了，他的才智会慢慢萎缩，最终消失得无影无踪。这样的人，注定要走向失败。

另外，自私也会给人们的成功造成巨大障碍。有的人对自己得不到升职的原因疑惑不解，于是去问自己的老板，得到的回答往往是这样的："因为你太过自私。"那么他究竟自私在哪里呢？要找到答案，不妨对比一下这类人和那些优秀员工在工作中的表现有何不同。在公司中，升职最快的总是那些做事勤奋、谦虚努力、宽厚平和的员工，而不是像他们这样自私自利的人。

人的命运通常都由自己最大的缺陷掌控。不少才能出众的人终生都在做着与自己的能力完全不符的卑微工作。拥有高薪高职对他们而言本应是顺理成章的事，结果却完全相反。究其原因，这一切都是由他们自身的缺陷造成的。如果将人比做一条铁链,那么别人最关注的往往是他最薄弱的那几环,其余的铁环无论多么结实,都是徒劳。

我们要想成功,最关键的是要认识到自己的缺陷,并积极进行弥补,不断走向进步,做一名出类拔萃的员工,而非自满于已经具备的种种优势,不思进取。

>>> 在身心俱疲的状态下工作注定失败

许多美国人有夜里还继续思考生意的坏习惯。这些人白天一直精神高度紧张地努力工作，晚上仍无法走出这种紧张状态，回到家还在思考着工作，这真的不是明智之人该有的做法。他们为了那些本该在办公室处理的工作，耽误了陪伴家人的时间。

一味忙于工作而不注意休息会带给我们无穷的害处。一刻不停地拼搏，直到大脑因使用过度而罢工，办事能力直线下降，判断力越来越差，这是世界上最愚蠢的行为。而在精神极度疲乏时仍不去休息、坚持工作的人是最可悲的。人在疲惫不堪的情况下会变得思维混乱，精神也处于极大的折磨之中，根本不可能做出什么成绩来。可是这些人却不懂这个道理。

如果你在下班离开办公室后还坚持工作，往往会效果不佳，因为此时你还未从巨大的工作压力中走出来，精神也处于极度疲劳状态。要想改变这种状况，你就必须更新精神面貌，把不好的精神状态像脏、旧衣物一样抛弃，像穿上新衣般换上崭新的精神面貌。我们回家的目的就是恢复体力及脑力，只有利用好夜晚的休息时间，我们才能在第二天更好地完成工作。回家后仍继续工作会加重你的疲劳感。

　　有位寡妇最近向我倾诉了她和她丈夫一起时的悲哀生活。她的丈夫满脑子想的都是怎么赚钱，他无心休息及娱乐，生活完全被赚钱这件事所占据，任何干扰到他的事都会令他气愤异常。这位丈夫呆在家里也总是在规划日后的生意，使得这个家没了家的样子。赚钱成为他唯一的乐趣，他长期全身心投入其中，弄得整个人疲惫不堪，有时甚至晚上回家后连说话的力气都没了。即使如此，他也不愿休息，仍一心投入到自己的赚钱大计之中，于是他就长期处于疲劳状态中。

　　他时刻都忙着处理生意来往，而这些是本该只在办公室做的事。妻子接着倾诉："年年日日，我很多次半夜醒来时发现他还在工作，他那持续的、痛苦的咳嗽声听得我心里难受。可是他从来不肯听从我的劝告早点休息。

　　"我的乞求一点作用都没有，尽管我曾为此多次与他倾心交流。他甚至可以推演一整天，只为了找到丢失的一分钱。好几次我实在看不下去了，就丢一个便士在地上，假装是他所丢的，然后捡起来给他。但他总能敏锐地识破我的谎言。他可以一整晚不停地寻找那个便士，直至在书里或者其他地方找到为止。

"百万身家并不能换来我们的快乐，我和孩子都渐渐对他疏远了。他完全没有娱乐时间，一直拼命工作，不停思考、规划，直至去世。"

我认识一个人，他的秘书总是随侍身侧，转述信件及备忘的内容。他总是一副正在干大事的样子，但实际却是个效率低、肚量小的人，总是不能及时完成任务。对此，认识他的人都很清楚。

在家里，我们应该把宝贵的时间和精力花在值得的事情上。若花在工作上就是一种浪费，并且会导致你第二天工作时更没效率。晚上应该用来休息而不是继续工作，我们应该在这时放松一下自我，陪陪家人朋友、休息或者娱乐。如果因加班工作而睡眠不足，会使你第二天的精力及体力都有所下降。

如果你晚上回家时一脸严肃或一脸沮丧、忧心忡忡、焦虑不安，那么家里热情、欢乐的气氛都会被你破坏掉。要想在家里得到很好的休息，就必须在回家前抛开一切烦恼。而我们只有在休息好后才有精力更好地迎接明天的挑战。每年之所以有那么多人进精神病院，正是因为他们没有得到很好的休息。

长时间思考复杂的事情会使我们的思维变得缓慢，遇到这种状况，我们应学会摆脱。当我们的思维处于单一状态的时间过长时，就会失去原有的敏锐性及均衡性，变得缓慢、呆板、迷糊。古印第安人明白一个道理：长时间张紧的弓必定会失去弹性及杀伤力。所以他们有一个习俗，即在看到敌人之前绝不先张弓。

生活中有很多生意人误以为自己拥有无穷的精力，可以持续不断地用来应对困难，所以他们总是处在紧张忙碌的工作状态。他们在任何时间、任何地点都在忙着工作，无论是工作时间还是休息时间，无论是在公司、家里还是在火车、飞机上。人们会自然而然地接受他们未老先衰、早早对工作失去兴趣的样子。

所以，我要奉劝那些工作卖力之人，请把你生意及工作上的烦恼、忧虑在下班锁门时一起锁进办公室。把忧虑的情绪带回家并带入娱乐中去，这是没有任何好处的，千万不要这么做。当你打开家门的时候，应提醒自己忘掉生意上的烦恼及忧虑，并禁止自己在此考虑或谈论生意上的事。

你一天的工作应在打开家门的那一刻彻底结束。在家里仍想着工作上的事是没有任何好处的，例如为自己所做的工作不停反省，为没能做到之事备感遗憾，为第二天的工作不断规划，为当天工作中遇到的问题反复思考。明智的人是不会在一天的工作完成后还继续想着它的。在公司做完工作以后再回家吧，不要用你的疲劳阴霾遮掩了家里幸福的阳光。

飞利浦·阿莫尔做事非常有效率。每天离开公司以后，他便不会再工作。将工作带回家，不是他的风格。良好的休息才是工作的保障，否则只会自讨苦吃。没有人会喜欢一个整天唠叨自己工作烦恼的人，如果你是这样的人，那就要注意了，这种行为会赶走很多朋友。同时，人们也不愿与每天都满面倦容的人打交道。工作是工作，生活是生活，我们要做的，便是在合适的时间做合适的事情，切勿让二者混淆不清。

洛斯金是英国一名出色的评论家，他说："我们接受了上帝分配的责任，同时也获得了履行责任的时间和能力，上帝对我们是很公平的。"

我们应坚信自己已尽全力去完成一天的工作，并且取得了满意的成果。只有如此，我们才能在晚上回家后不再被工作带来的烦恼和忧虑所困扰。白天完成了的工作已成过去，无论我们多么担忧和焦虑也不可能挽回，这就好比磨坊不能用同一滴水来磨面。

很多生意人总是对曾经的错误感到忧虑、烦恼，悔不当初，为此浪费了大量的时间与精力。他们并没有认识到，其实这种做法一点也不能帮助他们把工作完成好。

频频回顾过去只会影响你现在的工作。我们只需全力完成当天的工作，过好每一个可以掌控的今天，便不会留下遗憾，也不用担忧明天。

我们在家就应该好好享受家庭生活。回家后就不要再把精力浪费在工作上了，不要去懊悔白天工作中的过失并想着如何做得更好，这只会让我们一直处于疲劳状态。这种做法只会使我们浪费更多宝贵的时间与精力，我们都应该认识到这一点。我们不妨整理一下自己的思路，想想这样做真的对自己有利吗？我们在白天很好地完成了工作后，晚上又有何必要再在这上面浪费时间？即使白天没把工作做好，我们在晚上为此悔恨、沮丧就有用吗？应该只会更影响第二天的工作吧。面对曾经的过失，我们要做的是尽力去弥补，一味伤心感怀是没有任何用处的。

我每晚都能看到很多人一脸焦虑地走在下班回家的路上。这些人显然还沉浸在白天的工作中，思考着如何挽回白天工作中的过失。这种做法非常愚蠢，只会令他们苦恼甚至蒙羞，他们将陷入回忆的痛苦中无法脱身。晚上的休息是为了第二天更好地工作，白天的工作完成得好不好都应该放下。

当我们结束了一天的工作、疲惫不堪地回到家时，应该具有这有的心态："这是我的精神家园，它提供给我继续工作的精神力量，使我恢复体力与脑力，找回勇气，重获新生。在这个地方，我将焕然一新，重新燃起高昂的斗志，找回自信，获得进步，积累起成功的资本。"

明智之人会等待精力恢复后再精神饱满地去迎接工作的到来，从而赢得主动权。如果我们能合理利用自己的精力，不浪费在烦恼和忧虑上的话，必定会收获颇丰。我们应该仔细想想，在身心俱疲的状态下工作注定会失败，而晚上回家仍忙着处理白天的生意，等于是在否定白天所做的工作。

第六章

不满现状，才能将梦想变成现实

满于现状是一个人成功路上的拦路虎。一个满于现状的人，就不可能有足够的决心与意志去达成梦想，等待他的结局只有梦想破灭。相反，不满于现状，却能够让一个人有持续的动力，去追求梦想并完成它。不满于现状改变了很多人的命运，古今中外的很多伟人，他们之所以能够取得成功，就是因为他们不甘于原有的生活状况，世界科技的发展，人类的进步，都是因为有一群群不满于现状的人存在。

>>> 要想成功，必须勤奋再勤奋

在现实生活中，很多人终日无所事事，生命对于他们而言，完全没有价值。要想得到，必先付出。要想成功，必须勤奋，这是无人可以抗拒的规律。左拉说："世间最伟大的人就是那些勤奋工作的人。人们在勤奋工作的过程中不断付出，不断进步，不断收获。"人的一生之中，必不可少的一个组成部分就是工作。社会的不断进步是由无数人的勤奋工作促成的。如果所有人都将手头的工作放下，整个社会也就停止了运转。好比器官长时间不用就会退化一样，人类如果长时间不工作，工作能力就会退化，渐渐失去了生存的价值。要想让自己的人生被幸福感与满足感充斥，避免虚度光阴，就坚持每天勤奋地工作吧！

勤奋地工作可以为你带来巨大的收获，说它能够点石成金一点都不为过。纵观古今中外的成功人士，他们所获得的伟大成就无一不是勤奋工作的结果。我们的社会之所以能发展到今天的地步，与人们的辛勤努力密不可分。人们成功道路上最大的拦路石就是懒惰。一个懒惰的人，根本不可能有足够的决心与意志去争取成功，等待他们的结局只能是失败。

闻名于世的宗教改革先驱马丁·路德时常以这句话来警醒自己："无论如何都不能中断自己的工作，就算中断一天，其损失也是不可估量的。"

相似的话，特那也曾说过。特那有位老师名叫约舒雅·雷诺德，这样教导自己的学生："要想走在最前头，就永远不要停下脚步！要想获得成功，这是唯一的途径。与取得成功时的巨大成就感与满足感相比，现在牺牲一些娱乐活动就显得微不足道了。所以，从现在开始勤奋工作吧，艰辛过后，总能收获成功与快乐。"特那的工作在别人眼中无疑是艰辛而枯燥的，但是他自己却乐在其中，孜孜不倦。有付出便有收获，特那最终赢得了成功。

再普通的生命都可以绽放灼灼光华，只要你肯热情地投入工作与生活，无私地为他人提供帮助，充分发挥自己的才能为社会作出应有的贡献，你的人生便不会虚度。

卡莱尔说："人世间最有意义的事情莫过于全神贯注地投身工作。"真正幸福的人，是那些从事着自己热爱的工作、拥有明确的人生目标的人。他们清楚自己想要什么，也知道自己应该如何去做。人一出生就好比一条呈现原始状态的大河，谁也不知道内部到底潜藏着多大的能量。等到将这些能量开发出来时，它便会加入其余大河的队伍，浩浩荡荡，奔流不止。河水在流经沼泽地时，会将这些到处都是蚊蝇的泥泞沼泽冲刷得焕然一新。沼泽中的烂泥被清澈的河水取代，岸边绿草如茵，景色与先前相比就如同天堂与炼狱，反差极大。若是人们停止了一切工作，没有了河流奔涌，这一切崭新的变化又怎么可能发生？工作是每个人生活中必不可少的组成部分。相较于那些纸上谈兵的书本知识，工作实践教给我们的知识更有实用价值，能更有力地推动我们走向成功。

瓦尔特·斯哥特说："所有在清晨7点钟就起床的人会得到上帝的偏爱。今天我如果想要充实地度过，就必须在清晨7点钟就从床上爬起来。这么多年以来，我坚持每天写作，成就突出，全都要归功于早起这个好习惯。"来斯哥特家中做客的人总是会疑惑，斯哥特这么忙，怎么还能有这么多时间招呼客人呢？难道是上帝赐予了他更多的时间吗？殊不知当其他人犹在睡梦中时，斯哥特已经开始勤奋工作了。这些客人若是能看到这一幕，心中的疑惑便可以尽释了。

有句话说得很有道理："勤奋工作能使你得到快乐。"人们能够在勤奋工作的过程中，找到自己生存在这个世上的意义，明白怎样做才可以实现自己的人生价值。勤奋地工作能引领我们走向成功，感受到成功的满足与快乐。无论我们从事什么样的工作，只要肯忘我地投入其中，便可以得到平和的心境，培养高尚的人格。工作勤奋的人会得到上帝的格外恩宠，将人类社会所有的文明成果作为勤奋工作的报酬赐予他们。我们的社会之所以能发展到今天，是全人类共同努力工作的结果。罗斯金的话说得极为中肯："一个人的工作是否勤奋，对他是否能创造出一番成就起着决定性的作用。"

所有伟人的事迹都在无声地印证着几千年前所罗门王所说的一句话："勤奋工作的人拥有与国王同等的地位。"富兰克林曾受到五位国王的上宾待遇，并与其中两位国王共进晚餐，这无疑是对所罗门王此话的最佳注解。

从现在开始，勤奋地工作吧！工作能让人双眼发亮、肌肉结实、反应敏捷、头脑清醒、容光焕发，所以才有"认真工作的人最美丽"这句话。将所有精力都投入到工作中，就算身体状况有轻微不妥，大可将其忽视——疾病打不倒勤奋工作的人。

>>> 工作，就是要严格要求自己

工作一定要勤奋，无论从什么时候开始都不晚。我最近刚结识了一名农夫，他从一个懒汉那儿买了一块地，当办完所有手续后，5月下旬就到来了。这块地原先的主人非常懒散，只播种了少量的蔬菜，根本就没种粮食，现在又错失了播种的时机，恐怕今年这块地是不会有收成了。正当亲朋好友们都在为此叹息时，聪明的农夫想出了解决的方法。按照他以往的经验，到这个时候，播种晚熟的稻子仍是可行的。他马上便采取行动，勤勤恳恳地耕种起来。经过几个月的努力，他最终收获颇丰，稻子的产量比那些播种很早的稻子还高。所有人都应当从这件事中有所启发。

《青年导读》一书中，讲述了这样一个故事。主人公名叫希拉思·菲尔德，他是一名杰出的企业家，曾提出兴建大西洋电缆工程。当他还是一名16岁的少年时，便独自从家乡斯托科布里奇来到纽约工作。当他离家时，父亲将家里人节衣缩食攒下来的8美元交给了他。

抵达纽约后，希拉思·菲尔德在哥哥家住了一段时间。他的哥哥大卫·菲尔德在纽约法律行业颇有名望，但是住在他家里的时候，希拉思·菲尔德却终日闷闷不乐。他这种颓丧的表现落入了一名来家中拜访的客人眼中，于是这位名叫马可·霍普金斯的客人便劝导他说："我一向藐视那些离家后精神委靡、难以独立的孩子。对于这样的孩子，我绝对不会出手相助。"

听了他的话，希拉思·菲尔德很快便振作精神，来到纽约最好的干货店斯图尔特商店工作。在这里的第一年，他只负责打杂，每天忙得不可开交，却只能拿50美元的年薪，还好后来他被转为了正式员工。

这些都被写入了他的自传里："我一直坚持对自己严格要求，每天都会在顾客上门之前上班，等所有顾客都走了以后再下班。我立志一定要成为最优秀的营销人员。我明白日后的成功一定要靠今日的累积得来，所以我时刻提醒自己要做个有心人。凡是用得着的知识，无论是有关哪个部门的，我都会认真记在心里，做好储备。"希拉思·菲尔德无时无刻不在寻找机会提升自己的才能。他常在下班后去图书馆读书学习，参加每周末晚间的辩论会,等等。而这些,使他最终走上了成功之路。

而他的老板斯图尔特也相当成功。斯图尔特向来对员工严格要求。每天早上,员工们上班时都要登记时间,对迟到者要实施罚款处分。他们每天有一个钟头的午饭时间和45分钟的晚饭时间,去吃午饭和晚饭时也要登记,对于超出规定时间者,都要进行罚款。斯图尔特欣赏勤奋工作的人。

实际上,斯图尔特商店之所以能发展到这种规模,与老板斯图尔特对自己的严格要求密不可分。斯图尔特每天都将自己的精力毫无保留地倾注于商店的运营管理中,多年以来,未曾有一日松懈。为了确保商店能够高效有序地运营,斯图尔特制定出一整套严格的规章制度,并保证员工们切实履行。这样一来,即使哪一天他有事出去了,斯图尔特商店也能够照常营业,绝不会出现丝毫混乱。有了这些保障,便能使得商店井然有序地经营下去。在这种情况下,很多人便以为可以轻松下来,只等盈利了。然而,斯图尔特跟这些人完全不同。骄傲自满从来不是他的风格,他终生都行走在不断进取的道路上。怎样提高员工的工作效率,提升商店的营业额,类似的问题直到临终前还在他脑子里徘徊逗留。

可是，在斯图尔特逝世后，他那些无能的继承人却毁了他一生的心血斯图尔特商店，这真是一件令人遗憾的事。斯图尔特离世时，商店中积累的固定资产的数目十分可观，只要他的继承人们能沿袭他先前的管理方式，要维系商店的发展不成问题。回想当日，斯图尔特在建立这家商店时，一无资金，二无经验，完全依靠自己的打拼，耗尽一生的心血，才取得了今日的成果。而今他的继承人有了这样良好的物质基础却不知珍惜，面对每天应接不暇的业务往来，慌张无措，主次不分，结果搞得商店的收入还不够应付庞大的开支。虽然商店表面看来仍是每天顾客盈门，但内里已经深藏隐忧，危机四伏。

在这样的情况下，斯图尔特的继承人竟然对商店的经营状况毫不理会。至于"顾客就是上帝"这一经营信条更被他们抛诸脑后。顾客来到店里，连起码的尊重都得不到，自然不会再来光顾。更有甚者，对于商店的货品数目、价格、销售额等，继承人们都一概不知。他们只知每天命令员工们做着各种各样无谓的工作，以为这样便可以使得斯图尔特的辉煌持续到永远。殊不知商店的生死存亡最紧要的是经营管理策略。他们将最重要的东西抛在一旁，无论如何都逃脱不掉一败涂地的结局。曾经生意兴隆的斯图尔特商店逐渐走向没落，门可罗雀，连光顾多年的老顾客也纷纷失望离去。几年后,斯图尔特商店的声誉败落,店铺资本也日益减少,最终被所有合作伙伴和顾客抛弃。

当约翰·沃纳梅科接管斯图尔特商店时,整个店铺几乎已成了空壳子。沃纳梅科没有灰心,他秉承已故老板斯图尔特的经营理念,通过自己的勤奋努力与不懈坚持,最终让商店从失败的泥潭中重现站立起来,再现往日的勃勃生机。刚参加工作时,约翰·沃纳梅科为了省钱,每天到费城的书店上班时都要走4英里的路程。他当时的周薪是1.25美元,但他却立志日后一定要赚到相当于现任老板10倍的薪水。为了实现这个理想,他开始了艰苦的奋斗历程。终于有一日,机会来了,他担任了斯图尔特商店的经理一职。其实,这世上有些人曾拥有过许多成功的机会,可他们却一次都没抓住。与之形成鲜明对比的是,有些人仅有一次成功的机会,却被他们及时抓在了手中。约翰·沃纳梅科便是后者的典型。他凭借自己的勤奋与智慧,让斯图尔特商店死而复生,生意日渐兴隆,这同时也是对他自己的才能与价值的最佳证明。后来,商店的经营状况甚至超越了当年斯图尔特在世时的全盛时期。所有想要成功的人都应向约翰·沃纳梅科学习,勤奋踏实,兢兢业业,并戒除骄傲自满,永远奋斗在前进的道路上。只有这样,才不会被已有的成就困住了脚步。人们要在工作中有所成就,就必须要对自己的工作充满热忱,敬业爱业。行进在通往成功的道路上,务必要谨记勤奋努力。

倍受世人景仰的俄国彼得大帝也是依靠勤奋取得成功的典型。他身为一国之君,却时常穿着最一般的工作服去参加劳动。当他还是一个年轻人时,眼见西欧发展神速,本国却止步不前,不禁日夜忧心。他立志要精进自己的学识,提升自己的才能,以期日后可以据此提升整个民族的素质。在其余王子们耽于逸乐之时,26岁的他,已经踏上了周游列国的道路。此举自然不是为了观赏风景,而是要不断学习别国的长处。他到处行走,每到一个新的地方,便会谦虚地向当地人学习。他曾在荷兰师从于一名造船师傅,也曾在英国的磨坊、造纸厂、制表厂等工厂之中做过工人。在这些地方,他和工友们没有任何区别,每天勤奋做工,领取薪水,全然不记得自己的王子身份。

他曾在易思提亚铸铁厂待了一整个月,终于掌握了冶金技术。他亲手铸造出18普特铁,还在上面铸了自己的名字。当时,有不少俄国贵族与他一起到这里访问,他们谁也不敢相信,俄国未来的君主居然可以如此亲力亲为去铸铁。有个叫穆勒的工头向工人们宣布，每铸一普特铁，一般工人能得到3戈比的酬劳，可他坚持要支付18枚金币作为给彼得的酬劳。这个决定遭到了彼得的拒绝，他说："做同样的活，别人能拿多少钱，你就给我多少钱。把多余的酬劳留下吧，我是不会接受的。在这里，我就是一名最平凡的工人，根本没有受到优待的资格。好了，现在把我应得的钱给我吧，我想拿去买双鞋，我的鞋烂得都要穿不住了。"之前他的鞋已经补过一回，现在更加破烂了。彼得买到新鞋，显得很开心，他说："用自己的劳动赚回来的钱买的鞋就是不一样！"

直到今天，易思提亚铸铁厂还保留着当年彼得铸造的刻着自己名字的铁棒。彼得大帝铸造的物品在匹兹堡的国家博物馆中也可以找到。这些看似普通的铸造品，却因为由伟大的彼得大帝一手铸造，而变得珍贵异常。从这些物品中，俄国人深深感悟到这样的道理：一个国家要想富强，与全体人民的勤奋努力密不可分。

每个人每天都需要工作。不管天气如何变化，身体又出现了何种不妥，都不能在碌碌无为中浪费时间，虚度生命。只有勤奋地工作，才能展现一个人的人格魅力。孩子们如果每天去学校接受教育，必然会学到很多知识，就算是幼儿园的小孩子也不例外。若是所有货仓里的货物全都摆放得整整齐齐，所有账簿上的数目全都准确无误，所有人都爱岗敬业，勤勤恳恳，这样的景象怎能不令人由衷赞叹？我们在做任何事时，都要谨记勤奋努力。要想获得最终的成功，就必须这样长年累月地坚持到底。勤奋的人浑身都散发着令人敬仰的光芒。他们在工作过程中将勤奋贯穿到底，成功迟早是他们的囊中之物。

很多人对体力劳动存有偏见，觉得这种工作十分卑微，殊不知这种错误的观点将他们的浅薄暴露无遗。不要以为贬低别人就是变相地提升了自己，其实贬低别人的人比被贬低者更加卑微。

全盛时期的罗马，几乎没有一个国家可以与之匹敌。当时的罗马国王非常睿智，时常亲自来到田间地头，与百姓一起耕作。可惜好景不长，罗马的工匠和农民的地位一天比一天低下，渐渐成了最卑微的奴隶。这种现象竟然得到了西塞罗这样的智者的认同，连亚里士多德都说："工匠在我们这个强大的国家中不可能有什么地位。这些毫无见识的奴隶们，无论是在言论还是在行动方面都一无是处，他们生来就是奴隶的命。"除了他们，塞拉斯也时时表现出对奴隶阶层的轻蔑。这些地位高尚的贵族们全都对劳动人民不屑一顾，最终遭到报应。强大的罗马帝国活力尽失，很快走向没落。

在泰勒的总统任期结束后，其政治对手为了打击他的斗志，便将他派往荒凉偏僻的小村庄弗吉尼亚村，让他在哪里定居，负责公路的监管工作。他的对手没有想到，泰勒对于这份工作竟然毫无怨言，每天都勤勤恳恳地完成自己的任务，用实际行动狠狠打击了那些可耻的对手。对手们非常气恼，下令让他马上离职。泰勒坚决地拒绝了这个命令，他说："我在工作中没有出现任何失误，也从不以这份工作为耻，所以我绝对不会辞职！"

惠灵顿公爵的勤奋妇孺皆知。他从不浪费一分一秒的时间，时时刻刻都在勤奋地工作。这一点，令所有人都望尘莫及。

艾里巴洛夫勋爵起初进入律师行业时并不顺利，可是他坚持不懈地奋斗到底，最终功成名就。曾经有一段时间，他忙得不可开交，几乎到了不堪忍受的地步。他于是在自己的视线范围内贴上了"要么努力，要么饿死"这样一句话，以不断激励自己。这句话最终支撑着他熬过了这段艰难的日子。德国人喜欢在钥匙上刻下这样的话来提醒人们勤奋工作："刀不磨不锋利，人不磨不成器。"

>>> 伟大的成就来自勤劳的付出

有位法国作家曾说："没有人不知道米开朗琪罗的大名。60岁的米开朗琪罗，身体状况欠佳，但依旧坚持工作，每天都拿着雕刻刀在大理石上持续奋战。在工作的过程中，被他凿下的大理石碎屑纷纷扬扬，就跟下雪一样。他的雕刻速度之快，连精壮的年轻小伙子都自叹弗如。

这世上的确有人会将工作看得比生命还重要，将自己的全部热忱与心血都投入到工作中。这一点也许很多人都不相信，但在亲眼见识到米开朗琪罗的工作状态后，便没有人再质疑。无论多么坚固的石头，都抵挡不住他的雕刻刀。在他的雕刻刀下，只见石屑飞舞如雪。"我们都知道，成功的艺术品决不能有丝毫的瑕疵，唯有尽善尽美才能到达艺术的巅峰。米开朗琪罗能够将巨石玩弄于鼓掌之中，把一把雕刻刀运用得宛如行云流水，游刃有余，等到一件作品完成时，连一丁点儿瑕疵都找不到。

米开朗基罗曾给过自己优秀的同行拉斐尔这样的评价："他的艺术造诣世人有目共睹，难以有人能望其项背。可是，这一切并非因为上帝对他特别眷顾。他所有的成就，皆是由他自己的勤劳付出得来的。很多人说拉斐尔的作品完美无瑕，简直不似人间物。对于人们的这种看法，他解释道：'我对自己的作品精益求精，断然不会放任半点瑕疵出现在作品中，这才是我获得成功的真正原因。'这名伟大的艺术家征服了所有人，因此，全罗马人，包括教皇里奥十世都为他的离世而悲伤饮泣。他在38岁时，也就是正年轻有为之际，早早地离开了人世，叫人怎能不扼腕痛惜？他在短暂的一生之中创作了大量珍贵的艺术作品，包括287幅绘画以及500余幅素描，为后人留下了一笔宝贵至极的艺术财富。相信拉斐尔的事迹应该对那些不思进取、好吃懒做的年轻人们有所启发。整天碌碌无为地混日子，这样的人生简直毫无价值，这样的人活着就如一具行尸走肉！"

举世闻名的艺术家达·芬奇，性格十分开朗，为人积极向上，充满热情与活力。他每天都会在太阳升起之前开始工作，直到太阳落山之后才结束工作去休息。长年累月的辛勤工作，其成果便是他享誉全球的艺术作品。

杰出的画家鲁本斯，成功的秘诀同样是"勤奋"二字。有一次，有位炼丹师想游说鲁本斯跟自己合作，宣称自己有能力把一般的金属熔炼为黄金。鲁本斯这样回应他："炼金术我一早就掌握了，你不用在我面前班门弄斧了！"他一边说一边拿起了画笔和画布："凡是我的手触碰到的，全都会变成金子。"鲁本斯就是借助自己的绘画才能赚取了巨额财富。

米莱斯是英国的一名画家，他在作画时总是聚精会神，周围的一切人和事对他而言便如同消失了一样，不管发生什么都无法扰乱他作画的心思。在提及自己的工作时，他这样说道："耕田的农夫恐怕也没有我全神贯注投入工作时那么辛苦。天分并非人人都有，但勤奋却是所有人都能做到的事。年轻人一定要谨记勤奋工作，要想收获成功，就必须要付出超人的努力。若终日无所事事，就算是天才也会将自己的天分白白浪费掉，最后一无所成。因而，那些天分很高的人更需要勤奋工作，持之以恒。唯有这样才能不辜负上帝的期望，最终获得成功。当然，并非所有人都能在艺术领域中有所成就。许多父母带着自己的孩子来向我拜师学艺，他们无一不是希望孩子们日后可以成为伟大的画家，可是我对他们说：'并非所有孩子都愿意成为画家。'为人父母者应该首先确定孩子们的理想到底是什么，之后才能督促他们为理想奋斗。而且，不管孩子们有着怎样的奋斗目标，都必须要从现在开始打好坚实的基础。每个优秀的成功人士都要经历漫长的培养过程，父母们要有心理准备，持之以恒地督促孩子们勤勤恳恳，踏踏实实地追求自己的人生目标。"

作家哥尔德·斯密斯对于写作一向要求严格。在他看来，每天能写好四行诗就很不错了。他的代表作《荒废的山村》更是花费了数年时间才写成。他曾说过："做任何事都应坚持不懈。要想写出优秀的作品，也需要如此。写作水平与逻辑思考的能力都需要在坚持不懈的写作过程中得到提升。就算一个人拥有极高的写作天赋，不勤加练习，也没有取得成功的机会。"

作为《生命之歌》的作者，朗费罗一直坚持这样一种观点："一座桥只有一部分能露出水面，但隐藏在水下的桥的基石却是一座桥梁最关键的部分。正是由于它的支撑，才使得桥稳稳当当地横跨在水面之上。伟大的诗歌也如同桥一样，其基石就是作者长时间的知识累积与写作练习，没有了这些背后的付出，便不可能有人们所能看到的优秀的诗歌作品。"

世间所有伟大的作品都是作者艰辛努力的结果，不管是

《独立宣言》，还是《生命之歌》，无一例外。成稿之后，作者会不断地进行精益求精的改进，直到尽善尽美为止。拜伦的名作《成吉思汗》在面世之前，经历了上百次的反复修改，才有了后来的完美呈现。

蒂莫西尼是古希腊杰出的辩论家，在谈及自己的演讲稿《斥腓力》的创作过程时，他说自己为此付出的心血，承受的痛苦，无人能够体会。在写作方面，柏拉图也是一样的精雕细琢。在《论共和国》的写作过程中，一个开头他就修改了9次之多，堪称精益求精。

普波曾为斟酌两行诗，耗费了足足一天的时间。夏洛蒂·勃朗特为找到恰当的词语，思考一个小时也是常事。格蕾曾花费一个月创作一个短篇。基奔在创作《罗马帝国衰亡史》时，仅第一章就写出了三个不同的版本，他最终花费了25年才将整部著作创作完成。

安东尼·特罗洛普说："所有优秀作品的创作过程中都有一个不为人知的故事。灵感并非凭空飞入人们脑子中的，它需要经过长时间的相关资料储备才有可能出现。所有立志写作的人，都应该从现在开始加强储备与练习，不要再妄想灵感会随随便便降临到自己身上。"

有朋友对律师洛夫斯·乔特说道："上帝总是偏爱一些人，让他们轻而易举就成功了。"洛夫斯·乔特愤怒地辩驳道："荒谬透顶！是不是那些幸运儿把字母随手组合一下，甚至不用组合，那些字母自己就能汇聚在一起写成一篇《伊利亚特》？"如同月光永远不会如人们所愿自动变身为银子一样，成功也永远不会如人们所愿自动到来，它是人们辛苦付出的结果。所有看似偶然的奇迹，内里必定存在某种必然的可能，这种法则无人能够悖逆。一个人之所以会成为失败者，根本原因在于其自身。只可惜，很多失败者根本没有意识到这一点，还在不停地将自己的失败归咎于外因，替自己的松懈散漫开脱。

亚历山大·汉弥尔顿说："别人注意到的总是我成功的辉煌，并因此误以为我是上帝的宠儿。实际上，所有成功都是人们艰苦奋斗的结果，上帝从来不会将成功对人们拱手相送。"

在谈及自己成功的秘诀时，70岁的丹尼尔·威博斯特这样说道："勤奋努力是我成功的源泉。上帝偏爱的从来都是勤奋之人，所以我每天都会勤奋地工作。"勤奋对于成功的作用，就好比机翼之于飞机。

罗伯特·奥格登根据观察发现，很多失败者最大的缺点就是话多，他们说话毫无重点、逻辑混乱，而那些话少但讲话清楚明了之人往往更易成功。老范德比尔特也持同样观点，他曾说："我认为成功之道就是少说话、多做事。"

格莱斯顿在90岁时说道："我的快乐源自勤奋的工作。当我还是个小孩子的时候，就已经明白了勤奋对一个人有多么重要。养成了勤奋做事的好习惯，机遇与成功都会接踵而至。在勤奋工作的过程中也应学会适当地放松与休息，做好打持久战的准备。休息是否就意味着工作的停止？不少年轻人都有这样的疑问。事实上，要想提高工作效率，适当的休息是很有必要的。举例来说，长时间看书学习会导致头昏脑胀，效率低下。这时不妨将手头的一切都放下，外出好好放松一下。比如极目远眺，敞开胸怀，呼吸清新的空气。这样一来，很快便可以恢复清醒的头脑，重新投入工作。勤奋工作是我们的终身事业，成功需要逐渐累积的过程，不可一蹴而就。自然规律是不能违背的，人们不可能一直保持旺盛的精力，放松与休息无疑是保持体力最好的方法。这么多年来，我每天都保证充足的睡眠，养成了合理健康的饮食习惯，并时刻注意保持情绪的稳定。通过这一系列举措使得自己的身心一直保持着良好的状态，在工作中能够最大限度地发挥出自己的才能。要是年轻人们也能做到这些，必然会对他们的成功大有帮助。"

有个朋友给出了爱迪生这样的评价:"我们成为朋友的时候,他才14岁,但已经显露出与其他孩子的不同之处。他将自己的每一天都安排得满满当当,从来不虚度光阴。有时人们还在睡梦中时,他就已经开始读书了。他对机械、电学、化学一类的书很感兴趣,在这些书里汲取了不少知识,但他从来不浪费时间看小说或故事书。他的读书时间都是挤出来的,因为他每天都要去上班,很少有闲暇。可以说,他醒着的时候,不是在工作,就是在读书。他的勤奋努力使他养成了极为敏锐的洞察力,总能发掘出事物不为人知的另一面。"

爱迪生说:"我所有的发明,都是勤奋努力的结果。不错,发明成果的确能够赚取物质收益,可是赚钱绝不是我勤奋工作的目的。在我的生命之中,最重要的是什么?当其余的孩子都在享受无忧无虑的童年生活时,我却在贫穷与痛苦中苦苦挣扎,完全感觉不到一丝的快乐。在那种艰苦的环境中,只有那些冷冰冰的机器可以让我感觉自己还活着。我想方设法要对电报进行改进,因为我能从这种旁人都觉得乏味至极的事情中找到自己的乐趣所在。奋斗到今天,我已经拥有了很完善的工作条件,有专门的实验室和各种先进的实验设备,能够保障我的发明工作顺利进行。我在这种艰苦的奋斗过程中感受到前所未有的喜悦与成就感,这是工作赐予我的最大的财富,远比物质收益更能使我满足。"年轻人要谨记这句话:勤奋能赐予你意想不到的收获。

>>> 随时要明白勤奋学习的缘由

15岁的查理又逃学了。他的爸爸格林先生发现这件事后,惊讶地问他:"为什么你不愿意去上学呢?"查理说:"爸爸,上学简直太乏味了,我一点都不喜欢!真不知道去上学到底有什么用处!"格林先生非常气愤,痛斥道:"你这么说,意思就是这世上没有你不懂的事情了对不对?"查理辩驳道:"乔治·利曼还没有我懂得多,可是他在三个月前就退学了。乔治说,他根本不用上学,反正他爸爸有钱。"查理说着,就要出门。格林先生拦住他,说:"别走,先听我说!你要是千真万确不想读书,马上就可以退学。但是,我不会继续养你,你退学以后要自力更生,参加工作。"

第二天一早,查理跟随父亲去参观监狱。格林先生想不到竟在监狱中见到了一位老同学。老同学见到格林先生很高兴,说道:"能在这里见到你真开心啊!"哪知格林先生却回应道:"能在这里见到你,我觉得真难过。"旧同学说:

"你再难过也比不上我呀！"他指指查理问格林先生："你儿子？""对，他是查理。我们跟他一般年纪的时候还在上学呢！约翰，你记不记得我们一块儿上学的事儿？"约翰感喟道："我要是不记得就好了！我总盼望着这一切不过是一场虚幻的梦，可惜难以如愿。"格林先生很疑惑，问道："这究竟是怎么一回事？我见你最后一面时，你的情形比我还好，现在怎么会变成这样了呢？"

约翰垂首不语，过了半晌才终于答道："这件事不是三言两语能说清楚的。说起来都怨我自己不好，交了一帮坏朋友，整天跟着他们到处玩乐，对上学一点都提不起兴趣来。我老是觉得读书根本没什么用处，反正我家里有钱。我父亲去世后，留给我一笔巨额遗产。我那时根本不了解这些钱全都是父亲一分一分艰难地赚回来的。我一味挥金如土，终日跟那帮狐朋狗友过着纸醉金迷的奢侈生活。这样浑浑噩噩地混了一段时间以后，父亲留给我的遗产被挥霍一空，那些酒肉朋友也随即离我而去。当时我完全没有工作的能力，为了生存下去，只能搞些旁门左道，最终沦落到今天的下场。"约翰说到这儿时，看守过来了，命令他去工作。格林先生向看守询问："这里的犯人有多少曾受过职业培训？又有多少依靠自己的双手维持生计？"看守说："不足十分之一。"

返回途中，格林先生这样对儿子说道："查理，在我要求你退学以后马上参加工作时，你一定很吃惊吧？至于我这样做的原因，想必从刚才我与约翰的谈话之中，你已经领悟到了。爸爸确实有钱，能让你衣食无忧，但不能让你拥有才能与智慧。等你成年之后何以为生，你考虑过这个问题吗？要是只出不进，再多的钱都有花光的时候。如果你没有学会求生的本领，等到日后把钱花光了，便只有死路一条。孩子从小生活的环境太好，对他们的成长而言，很有可能是弊大于利。要想让孩子们健康成长，让他们多吃点苦是很有必要的。遗憾的是，这一点很少有人能意识到。等那些娇生惯养的孩子长大以后，亲身体会到这一点时，后悔却已经太迟了。"查理认真地聆听着父亲的教诲，蹙眉沉思了一会儿，终于下定决心，说道："爸爸，请你周一的时候送我回学校吧！"

童年时代的约翰·亚当斯也一度非常讨厌上学。他向父亲请求不再去上拉丁语课，父亲便说："好吧，我答应你了！正好水田现在需要排水，既然你不用去上学，就去田里帮忙挖水沟吧！"父亲的命令一向没有人敢违抗，约翰也不例外。他拿过父亲的铁锹，到田里忙活起来。天气很热，骄阳似火，约翰一边挖沟一边汗如雨下,十分辛苦。他整整干了一天活,干活之余,脑子也没闲着,一直在不停地思考。结果到晚上的时候,他的思考便有了结果,主动对父亲说,从明天开始要回去学拉丁语。父亲欣慰地笑起来,答应了他的请求。

这件事过后,不用别人监督,约翰就会主动学习。渐渐地习惯成自然,不管做什么事,他都会竭尽全力将其做好。这种良好的习惯帮助他在美国独立战争期间大放异彩,成为开国功勋。美国建国之后,他更在华盛顿之后当选为美国总统。

有一个人,他自幼家境贫寒,根本没有条件接受好的教育。后来,他通过不懈奋斗,吃尽了苦头,才终于摆脱了贫穷,建立了不小的家业。在他变成有钱人以后,便尽可能地为自己的孩子提供最好的生活条件。直到弥留之际,他才醒悟到:"我一直没有重视过孩子们的精神生活,以为只要让他们拥有了充足的物质享受就是对他们好。现在他们既没有真才实学,也没有工作能力,还一门心思以为赚钱不必费吹灰之力,所以根本不珍惜眼前的财富。当我离开人世,不能继续庇护他们的时候,他们就只能坐吃山空了。原本我完全可以让他们受到最优秀的教育,最严谨的职业培训,让他们成为倍受尊重的成功人士,只可惜事实却恰恰相反。老大空有医生的名头,竟无人上门求医；老二身为律师，连官司都没打过；老三更荒唐，做生意从没赚过钱。我整天苦口婆心地教导他们要努力工作，勤奋进取，可这些孩子一句话也听不到耳朵里去，还反问我说：'爸爸，我们有什么必要自讨苦吃呢？反正家里有钱，花都花不完！'"

同样的问题，也一直困扰着很多年轻人："我有必要在工作上花费那么多精力吗？反正我孤身一人，又不用养家！"他们有些人既没有父母，也没有兄弟姐妹，更没有妻子儿女，确实是"一人吃饱，全家不饿"。然而，这并不代表他们就可以消极怠工，只求温饱。因为，勤奋工作除了是一种谋生手段以外，更是一种人人都应追求的美德。拥有了这种美德，可以帮助人们养成各种各样的好习惯，培养完美的品格。

自幼聪慧的孩子，长大以后不一定有所成就。只有让他多读书，多从书里汲取养料，做好强大的知识储备，长大才能拥有大智慧，取得大成就。

第七章

优秀,就是敢对自己下狠手

想成为一个优秀的学生，却在平时不好好努力学习，把心事花在了其他事情上，是不可能成为门门考优秀的学生；想做一个优秀的员工，却在工作的时候不认真工作，做事没有条理，不能按时完成任务，也绝对不会成为优秀的员工。一个人如果想让自己变得优秀，就得拿出相应的劲头来，只有当你积极热情去完成、狠下心去做的时候，这一切才有可能。

>>> 美好的品质拥有巨大影响力

爱默生曾说:"同品质高尚之人相处,我们会更乐于感受生命的美好,而不是将眼光局限在吃喝玩乐上。在他们的影响下,我们的追求将由物质层面上升到精神层面。我们将不再关注银行存款的数目,而会去积极学习新的知识,努力提高,完善自我。探索知识领域的过程是幸福的,并且这种幸福是金钱所换不来的。"

究竟什么才是生命的真谛呢?把自己的利益建立在牺牲他人利益的基础上,以毫无人性、尔虞我诈地方式去谋取金钱、地位,我们只能获得不快乐的幸福。只有强盗才会肆意地恃强凌弱,才会为了彰显国力强盛而去侵占弱小的国家。

那些能带领大家共同走上富裕之路的人,才能称得上是真正的富人。他们所居住的社区,会因为他们的存在而变得寸土寸金。那些不会令自己所在城镇土地贬值,也不会使其成为贫瘠之地的人,才是真正的百万富翁。他们甘愿做那些有追求的人的左膀右臂，帮助他们走向成功。他们乐善好施，丝毫不会吝啬自己的钱财，并致力于使国家走上国富民强的道路。他们是光荣而又令人感到自豪的。

优良的品质是我们最高尚的财富，是良好道德的基础，也是想要获取成功的穷人可以凭借的本钱。我们要想获取丰厚的回报，就应努力培养自身美好的思想，因为它是一座以梦想及荣誉建造的庄园。

一位有名的制革师傅曾这样教导自己刚收的徒弟："别人如何对待你，取决于你如何对待他。"这位学徒勤劳而又诚实，他最终通过不懈努力得到了师傅的赏识，在事业上取得巨大成就。在他做学徒期间，师傅曾对他允诺："我将在你学成之后送你一件价值超过100英镑的礼物，具体是什么到时你自会明白，我现在还不能说。"

徒弟学成出师之后，制革师傅对他说："我会把送给你的礼物亲手交给你父亲。"第二天，制革师傅在众人面前对男孩的父亲说："我送给他的礼物只是一句话：你的儿子是我认识的男孩中最优秀的。"徒弟原本期待着能得到物质奖励的，听了这句话后很失望。而他父亲却高兴地对这位制革师傅说道："我要感谢你。相对于看到他获得大量金钱作为奖励，我更愿意听到对我儿子的称赞。"这位父亲认识到了良好名誉的重要性，明白这比财富更重要，他是明智的。并且这种良好的名誉也是这位男孩应得的，因为他为之付出了许多努力。对于那些名声不好的人来说，拥有再多钱也毫无意义，身份再高贵也不被人尊敬，外表再美也毫无吸引力。

哈特福德有一位名叫哈维斯的博士曾说："美好的品质拥有巨大的影响力，能为你赢得更多的友谊、更多的支持与帮助、更多的财富。拥有美好品质之人，能够顺利抵达财富与美誉的彼岸。"

如果你所从事的职业有助于培养人的美好品质，那么它就是世上最高尚的职业。钻石、美誉、黄金及王冠都不能与美好的品质相提并论。因为这些美好品质的价值是不可估量的。我们不能将赚钱作为生活的全部，它只是我们生存的保障而已。赚钱的行为本身并没有错，但我们需调整好面对它的心态，否则是于己不利的。如果我们不能正确地看待赚钱一事的话，我们的精神生活及思想将会变得贫瘠，我们将再也感受不到大自然的美妙之处，养成善恶不分的道德观，变得思想肮脏，失去神圣的信仰。

我们的生活需要更高的追求，不能只填饱肚子就满足了。

我们的赚钱能力及思想品味都需要花费精力去提升。我们只要具备善良、正直的品质，就能拥有完整的灵魂及健全的思想，而健全的肉体却需要大量的钱财来维持。

即使是资产上百万的富人，也会在拥有美好品质的人面前感到相形见绌。因为这些人身上拥有着一笔永恒的财富，这是房屋、土地及股票、证券无法相提并论的。那些富人只是被豪华别墅困住的奴隶，而灵魂伟大之人，即使身居陋室也比他们幸福。对这些人来说，艰难的拼搏是一笔宝贵的财富。

>>> 培养人性中最优秀的品质

英国护士弗罗伦斯·南丁格尔曾在克里米亚战争期间照顾受伤的士兵。据报道，从1853年到1856年整个战争期间，所有住院的伤员都记住了她。在伤员们的心里，她就像天使一样，为他们抚平心灵的创伤。她以自己无私的爱、高雅的行为及气质温暖着每一个伤员，这就是她独特的人格魅力所在。她始终充满热情、心情愉快，这使得伤员们在她离开病房后仍沉浸在她所带来的热情、欢乐的气氛之中。言行举止粗野之人，会在这些品行高雅的人面前感到羞愧难当。同愉快而充满热情之人相处令人心情愉悦，他们就如阳光普照大地，让沮丧和忧郁都无处容身。我们可以通过后天的努力来养成高雅的品行及良好的道德修养，对于占了多数的普通人来说，这是可以做到的。眼里只有钱的人只会让人觉得他俗不可耐，像个暴发户一样。想要保持心情愉悦轻松，就要学会待人温文有礼、亲切和善。品行高尚之人会更有力量、拥有更多的朋友，因为他们的这种品行是所有人推崇备至的。高尚的品行是无价的珍宝，能令我们的生活变得多姿多彩。一切物欲与之比较起来都相形见绌，珠宝和金银并不能给我们带来温暖的感觉，一个富有而冷酷无情之人固然可怕，但同时也是十分可怜的。那些不惜牺牲自己的人格及快乐来换取眼前利益之人，真的很想不开。

我们应以不断学习、完善的方式来培养高尚的品行。然而很可悲的是，人们艰难地承受着巨大的精神压力，在节奏越来越快的生活中渐渐遗忘了那些人性中美好的品质。他们斤斤计较个人得失，为了一点蝇头小利不惜花光宝贵的时间与精力，在他们身上休想找到那些曾备受推崇的优良品质。

另外，现在无论是老师还是家长都对此不够重视，他们没有去培养孩子的这些优秀品质，这真是令人叹息的事情，因为这些优秀的品质能极大程度地保证我们日后获得幸福的生活及事业的成功。许多人在生活中言行举止粗鲁、肆意妄为，他们就像是还未开化的野人。当他们意识到必须做一个热心、慷慨、心胸宽广的人，才有可能取得成功时，他们那肮脏、吝啬的心灵却无法表现出这些优秀的品质，反而变得很自私。

自私之人只想着自己，他们不会去管他人的死活，即使看见了也假装没看见，不闻不问，防止被别人占到便宜。他们不停地索取着他人的付出，等到自己消耗一空时，也就是灭亡之日了。这样的行为会使人越来越看不起他们，直至以鄙夷的目光来看待他们。他们会渐渐失去所拥有的一切。

这些人对任何事都提不起兴趣，怜悯和高尚这两个词汇与他们完全绝缘，他们已经变成冷血动物。他们心胸狭窄、吝啬成性、自私贪婪，除此之外，他们的灵魂中再没有别的东西剩下。这些人甚至连一句话、一个微笑，都担心会令自己受到损失。他们无法得到幸福，也不可能带给他人幸福。相反，他们终日一副愁眉苦脸的样子，令与之相对的人感到十分难受。

玫瑰是众多花卉中最为美丽的品种。但那些不肯与人分享，只愿孤芳自赏的玫瑰，最终只能落得黯然枯萎、凋谢的下场。它会说："我是如此的高贵，岂能随意绽放，让那些匆匆走过的粗心行人欣赏到我迷人的芬芳和美丽的倩影。就连阳光雨露也只能对我俯首称臣，心甘情愿地为我服务。"而那些慷慨大方的玫瑰就很乐于同大家一起分享，它会说："我要付出自己全部的美丽及芬芳，使所有经过我身边的人都能够感受到。"

然后，过往的行人果然被这朵芳香扑鼻的娇艳玫瑰所吸引，纷纷驻足欣赏。这是对它的付出的一种肯定，它或许不是最美的，但却是最有存在价值的。它充分吸收阳光雨露及土壤的滋养，成长为更加芬芳、更加美丽、更加惹人喜爱的花朵。

如果所有人都变得自私自利、贪得无厌的话，这个世界将变成什么样子呢？大概那些自私的人自己也会觉得非常难受吧。这种行为是违背上帝旨意、有违宗教理念的。

这种忧郁、痛苦的神情是与幸福甜蜜的笑容格格不入的。到那个时候，艳丽的花朵、青翠的草坪、寂静的山林、唧唧喳喳的小鸟都将不复存在，世界会变得一片灰暗。自私自利、贪得无厌以及罪恶都是人类社会所不齿的，这样的人是上不了天堂的。

只有心灵至真至纯之人才能坦然地面对上帝。灵魂纯洁之人往往都是真善美的化身，他们总能以积极乐观的眼光去看待每一件事。而那些拥有错误甚至邪恶思想的人却连辨别事情真假的能力都没有。自私、欺骗、贪婪都是追求高尚品格及美好生活时应严厉杜绝的，只有如此我们才能成为表里如一、内在与外在一样美丽的人。

然而很多人在物质世界中迷失了自我，他们的灵魂都被这种追求自我利益的欲望所占据，思考问题的能力也急剧下降。他们眼中的世界肮脏阴暗，没有东西能入得了他们的眼，他们眼中除了物欲还是物欲。

相反的，有一位可爱的小女孩，她在圣诞前夕花光自己所有的零花钱，买了一张贺卡送给她的爷爷。在这张贺卡上，小女孩工整地写道："亲爱的爷爷，我会永远爱你的！"这张小小的贺卡包含着人世间全部的真善美，里面充满了浓浓的情谊，这是一种无价的财富。以一颗真诚、坦率的心来对待身边的人，时刻记住与他人分享你的快乐，这会使你获得更多的友谊。有位伟人曾说过："人生是一条无法重走的单行道，我们应该尽情播撒自己的爱心。"试想一下，如果人人都能拥有一颗充满爱的心灵，世界将会变得何等的美好？

宝剑锋从磨砺出，我们想要培养这些倍受欢迎的优秀品质，就必须先经历一个艰难的过程。天上不会掉馅饼，我们也不可能在不付出努力的情况下，就轻易成为一个备受欢迎的魅力人士。

不擅长人际交往的人想要做到像社交场中的那些宠儿一样左右逢源，就必须先付出努力。

拥有优秀品质的人任何时候都是受人喜爱的，而那些品行恶劣的人却只会遭人鄙夷。这种现象可以总结成一个不变的规律：举止优雅人人爱，言行粗鲁人人厌。慷慨大方、乐于助人之人总是会怜惜并安慰那些弱者,因此人们总是会关注着他们,被他们所吸引。他们终生致力于帮助那些陷入困境的人重新站起来,而这些受其恩惠的人也会加倍地回报他们。那些总想占人便宜的人也是人们鄙夷的对象。这些人无论是在饭店吃饭还是去住宾馆,都只想着自身利益,他们甚至会为了争抢公交车上的一个好位子而拳脚相向。

第一印象是非常重要的,如果给人留下不好的第一印象,显然对自己很不利。而那些品质优秀之人总是能给人留下很深的第一印象。我们想要与人建立真诚的友谊就必须把握好初次见面时的表现,应该向对方表达出我们的深切理解及良好祝愿,尽力避免遭人反感或者给人带来不愉快。

人们总是很难拒绝那些品质优秀、富有魅力的人的要求,并且这种品质及魅力会伴随他们终生。这些人使我们的生活充满光明,所以绝不会有人嘲笑他们。如果你也想成为那种让人无法拒绝你的正当要求的、有魅力的人,那么你必须时刻做到宽容大度、镇定从容。

品质优秀之人能对身边的人产生巨大的影响;他们能开发出你身上蕴藏的令你惊叹的潜力。他们的鼓励会令你对自己更有勇气与信心,做到从前没信心做的事,说出从前没勇气说的话。你的才华及能力都会在这种熏陶之下悄悄地快速提升。成功的演讲家都懂得利用与观众的情感互动来提升双方的能力。他们总会适时地利用观众的激情来调动现场的气氛，使他们更加激情澎湃。他的这种与观众的激情互动可以调动现场所有人的情绪，尽管他们的激情并不是真正来自于现场的某位观众。

亨利·比彻曾在演讲中说道："究竟怎样才称得上成就非凡呢？那些注意培养自身优秀品质，驾驭低级趣味来为高级情操服务的人算得上吗？那些专注于探索精神领域，因成果丰硕而感到欣喜不已的人算得上吗？那些能在知识的海洋里惬意畅游，个人潜力及理解能力均得以全部发挥的人算得上吗？如果要我来回答的话，这些人全都算不上。他们只有感官还活着，心灵、情感及思想都已经失去热情、变得麻木了。"

高尚的品质及充实的头脑，能令最微不足道的家庭也变得熠熠生辉。内心美好的人能够带领自己的家庭走出困境，迎来富足的生活，他们拥有这种神奇的魔力。没有人愿意过穷得只剩下钱的日子，大家都想成为灵魂充实、富足之人。高尚的灵魂及美好的心灵，才是促进人类文明发展、进步的永恒动力。人们会永远怀念这些为人类社会作出杰出贡献的、品格高尚之人，他们拥有高贵的灵魂及理性。

那些能够把握商机的人，创造了巨额的财富。然而，财富并不是衡量一个人成功与否的唯一标准。我们不应将获取财富作为自己的全部事业，事实上，它在我们的事业中并不占据最重要的地位。我们更不应将获取财富视为自己最大的人生目标，在这个世界上，有许多事远比敛财的价值更大。在现代社会，成功人士不仅包括那些敛财有道的商人，更包括那些学者、艺术家、诗人、作家、工程师，等等。他们在事业上取得的成就远比财富更可贵，更应得到人们的尊敬。

作为一名贵格派教徒，伊丽莎白·芙蕾夫人一向将自己对英格兰女子监狱的密切关注作为引领自己走向成功的"机会"。在1813年以前，伦敦纽盖特监狱的一间牢房里总是关着三四百名女囚。她们之中有老人，有孩子，也有年轻姑娘，全都衣不蔽体，待在这间没有任何床以及床上用品的牢房里，等候最终判决。在牢房的地板上铺着一些肮脏的烂布，这便是所有女囚的床。她们待在这个与世隔绝的牢笼里，几乎无人理会她们是生是死。就算是狱卒也极少理会她们，甚至不给她们食物吃。

这群可怜的女囚终日在狱中哀嚎痛哭，芙蕾夫人的到访，终于给她们带来了全新的希望。芙蕾夫人表示要为她们成立一所学校，所有年轻姑娘和小女孩们都可以进入这所学校学习。学校校长也可以在她们中间产生，由她们根据自己的意愿自由推选。这个提议让所有女囚都怔住了。等她们的情绪镇定下来，便开始热烈讨论校长的人选，最后，一名因偷窃手表入狱的女囚被她们推举为校长。这群被冠以"疯狂猛兽"称号的女囚们，在三个月后便全都改头换面，整个监狱井然有序，一片宁和。

很快，其他监狱也纷纷采取了芙蕾夫人这种监狱改革措施。后来，政府也对此重视起来，还立法保障监狱改革的推行。在英国，大批女士继芙蕾夫人之后，也加入了推动监狱改革的行列。她们主动为女囚提供衣物，并担负起对这些女囚的教育感化工作。

芙蕾夫人当日的壮举距今已有80年，其监狱改革思想传承至今，对现代社会的文明建设功不可没。

树立正确的价值观对每个年轻人来说非常重要，因为他们在踏入社会后会受到形形色色的诱惑，游走于物质世界之中。这时，他们应努力认清事物的真正价值，而不能被它的外表所迷惑。这种辨别能力的强弱，往往能决定他们的成败。他们要想不在无聊的事情上浪费自己的生命，不被庸俗之事挡住视线，就必须信心十足地去应对工作及生活中的各种挑战。只有那些最适合他们、最能令他们一展所长的工作，才值得我们为之奋斗终生。

鼓励年轻人去努力奋斗是没有错的。但如今的社会舆论，却向年轻人灌输"追求名利、追求金钱才是我们生存的价值"这样的错误观点，年轻人的人生观因此而发生改变。看到这种现象，我们感到忧心忡忡。其实现在的年轻人想成为一个富有的人，并不只是赚钱这一个途径。

朱利娅·豪曾经说过："现在很多年轻人开始慢慢认识到成功的真正含义，这让我很开心。他们坚持过正直、纯洁的生活，无论生活条件及自身贫富如何改变，都始终保持谦恭的生活态度，这才是真正有意义的生活。他们不仅如此对待生活，也如此对待自己的人生。他们怀揣着这种信念，全身心投入到人道主义事业中。在这一过程中，他们的品质将变得更加美好，生活将变得更有意义。"

弗朗西斯·威拉德曾说过："不能对人类幸福、美好、欢乐的生活作出贡献的成功人士，完全算不上真正的成功者。"

只有那些超脱了当今社会的物质束缚、全心全意造福于民的人，才能称得上是真正伟大之人。他们将荣誉看做是精神上的鼓励，认为言行举止都是我们真实内心的外在表现。他们蔑视功名利禄，把这些当做低级趣味，一心追求更高尚的事物及思想。即使是最普通的工作，他们也能保持平常心投入其中。

菲里普斯·布鲁克斯说过这样的话："我们都可以做一个心灵上富足的人，胸中充满美好的情怀，身体中流淌着饱含美德的血液。"

爱默生说："我们无法想象，当人类历史上完全没有了弥尔顿、莎士比亚和柏拉图这三个伟大人物的身影后，我们将会过着怎样无趣的生活。从这一点，我们就能看出个性及品质所拥有的巨大的能量。"

拉斐尔对意大利的艺术家们而言，无异于人生楷模。他生前从未有过一个敌人，不管是来自什么人的嫉妒与恶意，都会被他的谦虚与温和化于无形。因而，在这一点上，他可算是古今中外所有伟大的人物之中绝无仅有的一个。

生命是短暂的，我们要想过得充实，就必须对自己提高要求，始终坚持温和、可爱、慷慨地去对待生活。这种生活方式能够培养出高尚的灵魂及品质，而这正是我们始终小心呵护的一笔宝贵的财富。拥有了这笔心灵的财富，我们会变得很富有，哪怕我们并没有多少财产。

我想在文章的结尾引用一首名为《国家由什么组成》的诗："国家是由什么组成的呢？是耸立云霄的防御设施，还是壁垒森严的堡垒？是环绕着护城河的城墙，还是由角楼及王冠式尖塔装点的城市？是防御力量超强的港口，还是绘满星月图案的宫殿？都不是。真正组成一个伟大国家的，是那些品质高贵的人。"

>>> 如何做才能成为真正的强者

真正的强者不在于身体素质的强弱，而在于能否通过自控能力抗拒巨大的诱惑。如果一个人缺乏自我调节、自我控制的能力，那么当诱惑出现在他面前时，他根本就无法抵御，从而变成一个寡廉鲜耻的人。

每一个聪明的商人，都会努力控制自己，坚决不让自己成为欲望的奴隶。

自控能力来自内心，它具有强大的力量。无论男女老幼还是尊卑贵贱之人，都可能拥有这种力量。一个自控力强，能抗拒一切诱惑，不惧任何困难的人必将取得成功；反之，则将永远与成功相距万里。从这一点上来说，阻碍我们成功的最大敌人，其实是我们自己。很多人雄心勃勃，打算大干一番，最后却输给了自己。

莎士比亚笔下因无法控制自己的情绪而走上不归路的角色不在少数。约翰王就是其中之一，他人性中的美好被欲望的烈火彻底焚毁，最终与禽兽无异。李尔王身陷情绪失控的深渊，无法自拔。麦克白小姐与麦克白先生更因欲望而杀人。奥赛罗则沦为了妒意的奴隶。

不是由自己掌控情绪，而是完全由情绪掌控自己，这样的人物必然不会有什么好下场。

汉普登是英国国会的著名领袖，克莱登曾评价他说："人们之所以信任并服从他，正是因为他惊人的自控力。"能控制自己情绪的人，更容易让人信服，这个道理在商场上同样适用。银行更愿意提供贷款给那些稳重的人，而商人们在选择合作对象时，也都会避开那些暴躁之人。成功不会因为一个人受教育程度低或者身体状况差而远离他，但若是一个人没有良好的自控力，那么他必然难以取得成功。在困境之中，自控力强的人才能做到百折不挠。

希腊历史学家普鲁塔克在评价波利科里时说："他不愧是'奥林匹斯山神'，极其沉着稳重。他永远保持着一颗平常心，生活简朴，待人有礼，纵使身居高位，依然不改初衷。每次演讲之前，波利科里都会先努力让自己的心平静下来，以防演讲过程中情绪波动，会出现言辞欠妥之处。曾经有个人从下午就一直跟着他，直到晚上回家，期间用各种恶毒的言语咒骂他。波利科里却浑似没事人一样,等他骂够了,便吩咐自己的下人恭敬地将他送回家去。"

罗伯特·艾斯斡的自制力令人叹服。一次,妻子在盛怒之下,情绪失控,将一部他就要完成的字典原稿焚毁。当时,罗伯特什么也没说,只是坐到书桌前,认认真真将书稿重新写了一遍。一个人究竟有没有能力,不是看他发火时有多凶猛,而是要看他多能控制自己的情绪。

无论周围环境如何,成功人士总能控制好自己的情绪,时刻保持冷静,这样当良机到来时,才不至于放任其白白溜走。要做到这些,就需要不断付出努力,日积月累养成习惯。在人生的旅途上,很多人智商很高却接连碰壁。原因就是他们没有控制情绪的能力,在问题面前,他们完全无法冷静下来,找出最佳解决办法。

怎样的人才是真正的强者?何人能在侮辱面前一笑置之,在生死关头从容淡定?又是何人能咬紧牙关,在身受酷刑,生不如死之际,依然能坚持到底?在心潮翻涌之际,依然能维持镇定;在感情波荡之时,依然能沉着以对;在备受挑衅之时,依然能泰然处之——只有做到这些,方能成为天下无敌的强者。

那些奋发向上、乐观积极的人是卓尔不群并备受瞩目的,他们的未来将一片光明。但前提是他们必须严格控制自身情绪，否则恶劣的脾气将扼杀这些优秀品质带来的好处。那些令人景仰的成功人士都是懂得忍耐之人，能够平静地对待自己讨厌的人和他人的挑衅，无论遇到什么事情都镇定自若。这样的人是强大而不可战胜的。

>>> 优秀正直的品格成就伟大

所谓的伟大，即是拥有高尚的品格。对此，爱默生说道："无论是写诗作画、谱曲、传道还是创作小说，凡事背后都有品质及性格的影子，一切事物都将在缺失了这两样东西后变得空洞而毫无价值。从查塔姆的演讲中，我体会到他自身的伟大之处，这种伟大是超越演讲本身的。"这种品质及个性对我们而言是比财富更重要的，甚至比一切功名及美誉更重要。

生活中并不是赚的钱越多就说明你越成功，虽然在商场的确是以此来衡量成功的。幸福的人生不一定需要有很多的钱，即使你没有生意头脑也不富有，同样可以过得很幸福。只要你能够真正读懂人生的意义，拥有坚定的信仰，心灵上和精神上都感到满足，全心享受生活中的一切乐趣，你就是一个拥有幸福生活的人。这样的人是能得到朋友的喜爱及信任的，因为他们总是会给予那些有困难的人最无私的帮助。他们待人随和宽容，不轻易发怒，即使受到误解也是如此，绝不会做出令人难堪的举动。这样的人也算是成功的,即使他们并不富有。

卑鄙之人可以装作不明白高贵品质的重要性,他们的特征就是丑陋、贪婪、卑微。生活在这样的人身边,我们必须拥有明确的目标以及坚定的信念,对自己的言行举止严格要求,稍有松懈就可能与他们同流合污,到时想要纠正自己的品行就很困难了。那些人的灵魂丑陋不堪,他们的行为只会招致他人的鄙视。他们阴险狡诈、精于算计,总以打击别人的方式来炫耀自己,为了获取自身利益,他们什么事都做得出来。

有些人把成功等同于拥有巨额财产,这种人真的很愚昧无知。他们可笑地认为钱可以买来一切,只要有钱了就可以无所不能,却不明白,我们在追求钱财的同时失去了多少宝贵的东西。并且,并不是所有东西都是可以用钱换来的。最讽刺的事莫过于拥有无数的钱财,精神世界却一片荒芜。一个人的成功不能用金钱去衡量,在精神上真正富有之人都明白这一点。

我们不能以评价动物的标准来评价人,因为人是富有理性的。任何有思想的人都不会只为了吃饭而活着,如果生活中只剩下了呼吸以及吃喝的话,已经不能称之为生活了,只能算得上是生存。对于有追求的人来说,让生命变得更有意义是比吃饭更重要的事情。有理想的年轻人都在努力积攒着成功的资本，那就是不断地学习、改善自我，使自己拥有崇高的品格和强大的能力。这种资本不会消失，他们正是凭借这种资本，抓住机遇取得最后的成功。

那些不断提高自我、完善自我的人，完全不用担心自己会因此变得贫穷。你还拥有友谊，因为你总是热心地帮助有困难的人，对待一切都充满爱心。在你帮助那些身处困境的人重新站起来时，其实你自己也收获了很多。这些都是永远属于你的无价之宝，金融危机无法影响到它，任何人都不能把它从你那里抢走。这种人性中真善美的一面是最经得起时间的考验的，任何的恶意诋毁、中伤都不会改变它的本质。它就像真正的金子，永远都不怕烈火的考验。

"从政者缺乏以人为本的意识，往往更注重体制上的改革，实际上这是一种错误的行为。"英国政治家、小说家迪斯累利曾如是说道。塞缪尔·约翰逊也十分明智，他认为旅行者应尽可能地多接触那些杰出之人，这远比去不同的地方欣赏不同的风景重要。艾塞克斯勋爵也持有相同观点，他说："去和那些拥有大智慧的人交谈吧，这种收获远大于去游览一座美丽的城镇。哪怕城镇离我们只有5里远，而那位智者却在100里之外，我们也应选择后者。"

马丁·路德说:"民众的素质才是一个国家真正的财富,而国民收入、国防能力、国家建筑规模都不能说明问题。一个民族如果不具备正直精神的话,它将是毫无希望的。"

精神对于我们有着巨大的影响力,所以我们在处事时总是力求冷静。年轻人应该用心经营好自己的精神,因为它带来的收获是随着投入的增加而增加的,它是我们生命中很有价值的存在。急功近利似乎成了当今社会的一大通病,人们的神经大多数时候都是紧绷着的。"一看见鸡蛋就像已经听到鸡在叫了一样",这是中国的一句谚语。我们应对自己真正的需求有一个清晰的认识,不要急功近利,而应该冷静地去面对如今社会上花样百出的各类"速成班"。

科伯恩也曾在《弗朗西斯·荷纳的纪念碑》一书中提到过这样一个事例:"成千上万的年轻人受荷纳的影响而开始过上健康的生活,他的事迹人尽皆知,不需要刻意去宣传。人们都非常喜爱他、尊敬他,他38岁就成为所在国家最有影响力的人,任何有良知的人都为他的英年早逝而叹息不已。

"荷纳所获的殊荣超越了过往的所有人,但他并不是依靠高贵的身份地位或者巨额的财产而获得这种荣誉的。他只是爱丁堡一个普通商人家庭的孩子,他以及他的家人朋友都不富有，他们一生都没挣到过超出6便士的钱。他只担任过一次待遇微薄的职务，并且时间还不到一年，权利这种东西更是从未拥有过。他的能力及才华都很平庸，并没有什么过人之处。他的口才也极其一般，没有太大的吸引力，绝不会语出惊人。他总是如同讲故事一般平静地述说。但他做事情十分细心谨慎，这算得上他的一大优点。他对待任何事的要求只有一点，那就是确保正确无误，因为目标明确，他做事从不会感到惊慌失措。他是一个品行端正的好人，这大概就是对他一生的最好概括了。

"那么他究竟是如何大获成功的呢？这要归功于他勤劳、善良、美好而又明智的品行。每一个拥有健康思想的人都可以具备这种品行，但要持之以恒就很困难了。而他恰好拥有这种持之以恒的精神，他在这方面始终对自己严格要求，而不会急功近利。他的这种优良品质完全是自己努力养成的，而不是因为外界影响所致。他不是最有能力与才华的，但一定是拥有最高道德标准的。他教会人们平静、谦恭地去生活，将他们从充满妒忌与竞争的生活中带出来，这似乎成为伴随他一生的神圣使命。他在人生道路上无需借助任何外界的帮助。因为他始终拥有一颗善良的心及高尚的素养，他的人生已经升华到一个高远的境界之中，这使得他做任何事情都无往而不利。"

美国杰出政治家查尔斯·萨姆纳在弥留之际说道："成败在于品格。"

英国著名哲学家和经济学家约翰·斯图亚特·穆勒曾说过："所有立志成就大事业的人都会努力追求高尚的品格。如果一个人能够做到已经拥有并继续追寻高尚的品格，那么他不管从事何种类型的工作，都一样能够实现自己的价值，进而彻底告别无所作为的低层次生活，上升至人生的更高境界。"

"这种境界是所有睿智之人共同的追求目标。"穆勒继续说道，"品格的塑造会受到周围环境的巨大影响，可这种说法并非绝对的。只要有决心有毅力，品格完全能由我们自己塑造。这一点在自由意志学中可以找到强大的科学依据。环境固然会影响我们，但我们也可以通过自身强大的毅力去影响环境，然后再反作用于自身。"

与购物类似，选择自己喜欢的货物，抛下对自己毫无用处的货物。美好品格的养成，也要不断取其精华，去其糟粕。昆虫会选择各种可作为食物来源的植物，我们也需要如此，不断用精神食粮充实自己的心灵。不要忽略日常生活中的点点滴滴，要培养美好的品格，就要抓住每一点可供汲取的养分。

比彻形象地说道："早上来到花园，一朵花中含露，另外一朵却无。含露的花将花苞打开，所以露珠儿才会包裹其中。无露的花则将自己封闭，所以露珠儿才会滑落坠地。"

美好的声誉源自高尚品格与强大能力的日积月累，生活的追求与意义就在于此。人们的先天条件其实是很相近的，这就好比树木生长。一棵树能否茁壮成长，关键在于养料吸收。起点相同的树苗，长大之后，有些被用来做桅杆，有些被用来做钢琴，有些却被用来做木柴。收获结果好坏，完全取决于付出的多少。树木成长要经历漫长的时间，人的成长也要经历种种磨难。伟大的成就，只有在一切都准备好时方能实现。

小仲马的一篇小说末尾这样写道："谁能救我们脱离苦海？谁能带我们走向成功？这个人就是我们急切呼唤的。要找到他不必长途跋涉到远方，这个人就在我们眼前。他是你，也是我，他是我们之中的任何一个人。你若是觉得自己要成为这个人实在很艰难，那是因为你的毅力还不够。坚强起来吧，你会发现要成为这个人实在是再简单不过的一件事。"

我们需要这样的人：

他们头脑清晰，睿智过人，

他们信念坚定，勤奋努力；

欲望面前，他们从不屈服，

腐败面前，他们从不妥协；

他们坚持原则，独立自我，

他们珍惜名誉，绝不放纵；

他们拒绝操控，

他们厌憎谎言。

他们的灵魂熠熠生辉，他们是真正的伟人！

他们带领我们走过迷茫的阶段，走向光明的未来！

>>> 用美照亮生活和成长之路

希腊在历史上曾经遭受过无数次洗劫。那些野蛮的强盗在这座古老而闻名的城市中胡作非为，将无数精美绝伦的艺术宝藏毁灭殆尽。这一幕幕情景给目击者带来了极大的震撼，尽管那些美丽的艺术品接二连三地遭到损坏，但它们的美丽却在人们的记忆中永久保存了下来。不管是多么贫乏无知的灵魂，都会对古希腊艺术的美丽产生无比强烈的追求，并以此照亮了自己的整个精神世界。这种对美的追求，后来使得已被毁灭的古希腊艺术又在古罗马艺术中重现昔日的辉煌。真正的艺术是不会被暴徒摧毁的，他们能破坏的只有那些看得见的艺术品，而人们内心深处潜藏的对美的强烈追求，是无论如何都不会被毁灭的。

在罗马军队入侵希腊，对希腊的艺术珍品展开疯狂掠夺时，意大利还未受到艺术的熏染。直到罗马军队将无数古希腊伟大的艺术珍品抢回来，繁盛的罗马艺术才在这些作品的基础上蓬勃发展起来。这些艺术珍品包括"将死的剑客""马首""大理石雕塑的农牧神""挑出脚上荆棘的少年",等等。意大利人的艺术天分,正是在它们的启发下才被开发了出来。

柏拉图曾被人问过这样一个问题:"完美的教育到底是什么样的?"柏拉图答道:"最大限度地让美来熏陶自己的灵魂与肉体,便是给予了自己最完美的教育。"要想让自己的生活被温暖与快乐充满,就要努力展开对美的追求。只有坚持不懈地追求美,才能让自己所受的教育趋于完美。

一个人若想全面发展,就必须对物质与精神这两方面都给予高度重视,不断汲取各种各样的养分,以丰富自身。这两方面无论在哪一方出现偏差,都会给人们的全面发展造成巨大的障碍。永远不要有这样的奢望,妄想只重视其中一个方面,就能让自己获得全面提升。心灵若是长期得不到充足的养分,便会不可避免地走向衰竭。这样的话,身心全面发展便成了不可能事件。同理,身体若是长期处于营养不良的状态,就会对健康造成严重的威胁。到时候,即便拥有灵活机智的头脑,也不能弥补身体上的缺憾。所有孩子都是上帝的宠儿,他们的父母理应满足他们身体与心灵成长所需要的各种养分,否则,便是违背了上帝的意愿，简直可以称之为罪恶。若一个孩子在成长的过程中，缺失了某一方面的养分，势必会导致他在这方面才能的欠缺。当他长大成人以后，便会因为自身发展极度失衡而成为人们眼中的异类。这是多么可怕的一件事啊！

举例来说，一个孩子若在成长发育的过程中缺了钙，便会导致他的骨骼发育不良，骨质疏松，患上软骨病。一个孩子若在成长发育的过程中缺失了氧元素或是别的对肌肉发育起促进作用的元素，便会导致他肌肉松弛，缺乏力量，在体力上严重落后于同龄人。这样的孩子在长大以后，根本没有争取成功的体力与精力。一个孩子若在成长发育的过程中缺失了磷酸盐或其他帮助大脑发育的必备元素，便会导致他的大脑和神经发育不健全，并累及全身，使其终日精神倦怠，活力尽失。

孩子们在长身体的时候，尤其需要大量的物质营养成分来保障其健康成长。对那些心灵枯竭的人而言，则需要大量的精神养分来填补自己心灵上的空缺。

我国现在拥有极为丰盛的物质产品，这对于增加全民族的财富起着至关重要的作用。然而，这同时也导致了很多人一味追求物质财富，甚至不惜以牺牲精神财富为代价，这会将全民族都引向危险的歧路。

只重视体力与智力,显然不足以获得成功。要想充实自己的生活,让自己的精神世界由沙漠变为绿洲,就必须努力培养自己的审美能力,让自己能够鉴赏真正的艺术,品味真正的艺术之美。缺失了审美能力的人,就好比缺失了鸟语花香与如画景致的国家,纵使这个人体魄强健,纵使这个国家国力强大,终究避免不了由内涵的缺失引致的浅薄与贫乏。显然,人们并不会在这种肤浅的人身上倾注过多的注意力,这种人也很难走向成功。

人类世界在造物主手下成型时,并非完美无瑕。人们也并非生来就具备对大自然之美的鉴赏能力。人们普遍具有因循守旧的本性,对于那些想要成就一番大事业的人而言,这无疑是致命的缺陷。真正做大事的人,一定会努力寻求广阔的发展空间,因为空间越大,机会越多。人类对物质资源的狂热追求,对其自身的内涵开发几乎毫无裨益。过度追求物质财富的人,往往都是内涵浅薄之人。面对一幅流芳百世的名画,那些毫无审美能力的人根本不会感受到画中所展现的美是多么的惊人。与之形成鲜明对比的是,那些审美能力极强的人,不管看到的是何种形式的美,都会从心底感受到强烈的震撼与共鸣。

原始人对于美不是持有欣赏的态度,而是将其当成神明一般崇拜。到目前为止，没有证据能够证明他们具备审美能力。他们只是出于动物的本能，对自然之美产生了强烈的敬慕。

现代社会，人类文明尤其是物质文明发展迅速，人类对于物质资源的需求与日俱增。但是，在这个过程中，人们的审美能力却在不断下降。让美照亮每个人、每个家庭，让生活的各个角落都被美充斥，是人类文明发展的至高追求。

一位已故的哈佛大学教授曾说："人类最高尚的品格莫过于对美的鉴赏力。拥有了这种能力，将会极大地促进个人发展。某个国家的文明成就发展到何种程度，从该国的绘画、建筑、雕塑水准中就可以窥见。"

人们对于美的追求，会在不经意间对自身个性的塑造产生强大的影响力。人们会因此拥有平和的心态、优雅的举止，以及充实的精神生活。这一点是其余任何事物都无法替代的。成长在一个对美完全不热衷的家庭之中，是孩子的不幸。生活在其中的孩子，每天接触那些一味追求物质财富的人，耳濡目染的结果便是，这些孩子在长大以后，基本上不会为追求精神财富付出多大的精力，他们的体力与精力大部分都倾注于对金钱、房产等物质财富的追求上。孩子们会在这种偏离正常轨道的教育之中迷失了正确的人生方向。他们将倾尽所有，只为追求巨大的物质财富，这显然与上帝对其的期望不符，是其人生的一大悲哀。

孩子们都有着极强的可塑性，因为其心理与智力尚未发育成熟，极易被外界环境影响。家长们应该紧紧抓住日常生活中的每个机会，努力培养孩子们对美的热爱与追求。所有家长都应给孩子们创造机会，让他们周围的生活环境被美的气息所浸染，使之在艺术之美与自然之美中不断受到熏陶。生活在这样的环境中，孩子们会拥有健康充实的精神生活，这是多少物质财富都无法取代的。

要改变自己的生活状态，就必须从现在开始有意识地培养自己对美的热爱与追求。人们将会从对美的鉴赏之中，感受到前所未有的快乐与满足。对美的热爱与追求会帮助人们重新认识周围斑斓的色彩，让生命时时刻刻充满了幸福与欢乐。试问世间还有什么收获比这更有意义呢？

人们的内心可以在美的影响下得到净化，从而变得举止优雅，品格高尚。芝加哥有位老师就在其中的典型。这位老师在班里给学生创建了一个特别的空间，并为其取名为"美的田园"，其中设有书柜、沙发以及图画等。书柜上装有漂亮的彩色玻璃，长沙发上点缀着彩色的缎带，另外这里还有不少品位不俗的小饰品。孩子们在这小小的空间里感受到了莫大的欢乐，那些漂亮的彩色玻璃尤其受到他们的喜爱。在这里，孩子们在不经意间受到了美的感染，影响到自身的言谈举止，变得越来越乖巧懂事，谦逊有礼。有一个意大利男孩的转变格外明显。以前的他非常调皮，"美的田园"创立不久，他就像变了一个人似的。老师们都十分诧异，有位老师问他原因，他便指着"美的田园"中悬挂着的圣母像说："圣母马利亚在注视着我们呢，所以我要自觉，不能再调皮捣蛋了。"

人们的个性会在对外界环境的不断耳濡目染之中被塑造成型。世界有着无数的组成部分：其中包括各种各样的声音，如鸟鸣声、虫叫声、海浪声、风声，等等；也包括各种各样的美景，如广阔的天空、无边的大海、茂密的森林、巍峨的山峰，等等。所有这些自然之美将对人们的个性塑造大有裨益，其重要性甚至超过了人们在学校受到的教育。那些对这类美毫无感知的人们，其生命少了许多乐趣。

将美持续不断地引入自己的生活，长久坚持下去，你会取得意想不到的成果。这种成果是金钱与美誉都无法带给你的。你的眼界会为之大开，你的热情会为之引燃，你的精神世界将得到极大的充实与满足，世界在你眼中将变得越来越美丽动人。无论你拥有怎样的身体状况与工作岗位，只要付出足够的心血，便会得到丰厚的收获，让自己的灵魂得到净化，让自己的品格得到提升。假期对于培养人们的审美能力至关重要。假如你在一年之中，有365天都在做着重复枯燥的工作，那么出现错误对你而言是迟早的事。

可以说，美是十分神圣的。生活在美的环境中，便等同于生活在神圣的环境之中。一名哲学家曾说："伟人往往擅长捕捉各种各样的美。只要具备对美的感知能力，所有人都能时时刻刻感受到美的存在，不管其关注的对象是大自然还是人类社会，是成年人还是小孩子，是工作还是日常娱乐。如此一来，人们便能感受到上帝与自己越来越接近，而生命的完美也不再那么遥不可及。"

自《新约》中，我们不难发现，耶稣非常热爱美，特别是存在于自然界中的美。下面这段话可以证明这一点："与旷野中生长的野百合相比，所罗门的辉煌也不过只能媲美其中之一！"从繁华熙攘的城市生活中逃离一会儿吧，去旷野中欣赏那些野百合与玫瑰花，以及其他一切令人心旷神怡的美景。你会被天幕上璀璨的星辰与旷野中美丽的蓓蕾牢牢吸引，不断前行，迎接挑战。生命的本源会逐渐向你展露，其间隐含的美的本质会让你叹为观止。

对美的热爱与追求有助于和谐人生的营造。可惜这一点极少有人能意识到。大多数人都不会过多地关注这一点，原因就在于人们平日里时常接触到美的事物，早就对此习惯成自然了。然而实际上，不管在何时何地看到何种形式的美，如美丽的图画、美丽的风景、美丽的日出、美丽的脸孔，以及美丽的花朵，等等，都会让人们在不知不觉间受到感染，表现在言谈举止中，便会显得更加优雅高贵，落落大方。

美国人总是习惯将对美的感知阻挡在头脑之外。人们普遍重视物质财富，却忽略了精神生活，更加不会重视对审美能力的培养。反观在乡下生活的人们，就不会将金钱放在首要位置。因而在美国，乡村的发展要好过城市。

一个人若将全部精力都倾注于对物质财富的追求，那么便无法开发自身的审美能力、交际能力，连同其余各种可贵的能力。这些能力有可能会因为长久得不到开发而逐渐消退。这样一来，健康和谐的生活方式对其而言就成了一种不可能实现的奢望。一个人的能力会因为长久的闲置而不断退化，要想让能力发挥最大效用，就必须时常使用它、磨炼它，这与脑细胞的使用是同一个道理。人类诞生之初就被上帝赋予了强大的本能。若是本能之中恶劣卑鄙的部分被大规模开发出来，健康美好的部分反而遭到了压抑，在能力得不到和谐发展的情况下，失败便成了一种必然，培养高尚的审美能力对这类人而言更成了一种妄想。

上帝创造人类，赐予人类强大的能力，并不是希望人类将所有能力都用于追逐物质财富。对美的追求应该贯穿每个人的一生。那些毫不关注自然之美的人，可以说是亵渎了上帝赋予自己的使命。要实现自己的人生价值，便不能只满足于物质资源的充足。不管在什么情况下，都应重视自己内心深处的呼声，为自己的人生打下牢固的地基。

曾经有一次，李斯先生带着鲜花去纽约桑树街探望那里的穷人。事隔多年，李斯先生再次回想起当日的情景，仍觉历历在目："出了码头以后，我带着花往桑树街走。没走多远，就有一大群孩子涌过来，将我团团围住。孩子们尖叫连连，要求我把花分给他们。我要是想继续前行，这似乎是唯一的选择，我于是只好照做。孩子们小心翼翼地拿着属于自己的胜利果实，各自散开，来到自己认为安全的地方，饶有兴致地观赏着手中美丽的花朵。等到我下次再去的时候，就发现他们又带了一帮朋友过来问我要花。见到那些采自郊野的花朵，所有孩子都在刹那之间瞪大了眼睛。越是贫穷年幼的孩子，便越是渴慕美丽的鲜花。面对孩子们的渴求，谁能忍心拒绝呢？所以，我每次去那里，都会将自己带的花全部分给他们。

"这件事过后，我开始觉得自己先前对穷人的认知存在很大的偏颇。的确，物质的匮乏是穷人们需要面对的首要难题。可是，人生来便具备爱美的天性，即便是穷人的孩子也会对美有着强烈的渴求。这些孩子在对美的热爱与追求中，收获了巨大的精神财富，同时提升了自己的审美能力。因为他们对于美有着强烈的渴慕，所以才会蜂拥而至，向我索要花朵。就算是那些生活在贫民窟的孩子也应受到社会的重视，帮助他们满足自身对美的渴望与追求。我们绝不能因为那些孩子的出身，就认定他们对美毫无感知，是天生无知的蠢材。

"这几年，我陆陆续续又到贫民窟中去了几次，并帮他们将住所重新修葺了。我告诉那些妈妈怎样对自己的孩子实施审美教育。为了让孩子们能有更好的受教育条件，我帮助他们修建了幼儿园。我们用学校等公共设施和鲜花绿草掩盖了那里原先的污浊不堪。在那儿，我们竭尽所能，扫除先前的阴影，迎接崭新的明天。孩子们在学校受到了良好的教育，他们对生活积极乐观，充满热情。现在，那里已经焕然一新，处处鸟语花香,生机盎然。我们的努力终于有了丰厚的回报。试想当初若是我们没有进行这样的改革,将会给我们的一生带来多大的遗憾,将给我们的国家造成多大的损失?"

在纽约,有许多爱美的孩子因为出生在贫民窟而没有接受教育的条件。与之形成鲜明对比的是,很多富豪坐拥无数家产,却不屑接受审美教育。由此可见,我们的生活是多么的令人无奈啊!在这样的条件下,何谈全面提升人们的审美能力?